OVERCOMING
AVOIDANCE
WORKBOOK

逃避不可耻，
但没用

暴露练习带你走出
习惯性回避的
心理怪圈

[美] 丹尼尔·F. 格罗 著
（Daniel F. Gros）

陈小红 译

重庆出版集团 重庆出版社

Overcoming Avoidance Workbook: Break The Cycle of Isolation & Avoidant Behaviors to reclaim your life from Anxiety, Depression, or PTSD
Copyright © 2021 by Daniel Gros
This edition arranged with New Harbinger Publications through Big Apple Agency, Labuan, Malaysia.
Simplified Chinese edition copyright © 2023 Beijing Alpha Books. CO., INC
ALL RIGHTS RESERVED.

版贸核渝字（2022）第147号

图书在版编目（CIP）数据

逃避不可耻，但没用 / (美) 丹尼尔·F.格罗著；陈小红译. — 重庆：重庆出版社，2023.6
书名原文：Overcoming Avoidance Workbook
ISBN 978-7-229-16367-9

Ⅰ.①逃… Ⅱ.①丹…②陈… Ⅲ.①人格心理学—通俗读物 Ⅳ.①B848-49

中国国家版本馆CIP数据核字（2023）第067228号

逃避不可耻，但没用
TAOBI BUKECHI, DAN MEIYONG
[美] 丹尼尔·F.格罗 著 陈小红 译

出　品：华章同人
出版监制：徐宪江　秦　琥
责任编辑：朱　姝
特约编辑：陈　汐
营销编辑：史青苗　孟　闯
责任校对：王晓芹
责任印制：白　珂
装帧设计：L & C Studio

重庆出版集团　出版
重庆出版社

（重庆市南岸区南滨路162号1幢）
北京盛通印刷股份有限公司　印刷
重庆出版集团图书发行有限公司　发行
邮购电话：010—85869375
全国新华书店经销

开本：880mm×1230mm　1/32　印张：6.5　字数：150千
2023年6月第1版　2023年6月第1次印刷
定价：49.80元

如有印装质量问题，请致电023—61520678

版权所有，侵权必究

致阿莉和亨利

目 录

III 序言
你认为回避可以解决问题，
这可能就是最大的问题

01 第一周
识别消极情绪与回避行为的恶性循环

031 第二周
设定目标，积聚改变的动力

043 第三周
向消极结果的错误预判发起挑战

063 第四周
开始暴露练习

085　第五周
　　巩固成果，排除干扰

111　第六周
　　克服四种回避行为

147　第七周
　　向理想的生活再靠近一点

181　第八周
　　防止症状反弹

193　结语
　　回望来时路，行向更远处

196　参考文献

序言

你认为回避可以解决问题，
这可能就是最大的问题

▌回避行为让你感到困扰吗？

在回答上面这个问题之前，我想先解释一下为什么我要问这个问题。作为一名资深临床心理学家，我的主要工作内容包括临床诊疗、教学、行政管理，以及心理学研究。过去的 15 年，我一直专注于自己的事业，努力在这些领域中寻求突破。我的总体目标是：通过创新、学术研究和出版自己的研究成果来提升心理治疗成效；通过自身临床诊疗工作提升心理治疗成效；通过教学工作帮助下一代心理医生提升心理治疗成效；通过行政管理手段和政策制定提升医院各科室的整体心理治疗成效。这是一段艰辛而又漫长的探索之旅，我时常感到自己所取得的成绩和理想的目标还有一定的差距。但正是这段艰苦卓绝的旅程让我得以向你提出上面的问题，并且通过这本书，把我多年的研究成果分享给你，为你提供一种行之有效的方法，帮助你终止回避行为，实现自我治愈，开始真正的生活。

多年来，我屡次应邀到各大高校和医院发表演讲，分享心理疗法的研究成果及其对于不同疾病和症状组的应用，并且一直乐此不疲。通常我都会用同一张幻灯片开始我的演讲。这张幻灯片首先展示了一条常见的患者主诉："我对自己失望至极。我没办法去日用品商店购物——无论如何都做不到，那种感觉让我难以承受。我甚至不得不让我弟弟替我去买日常生活用品。"这个案例可能让你感觉似曾相识，因为这是临床上比较常见的症状之一。当然，这种症状就是回避行为。我顺着这位患者的思路提出了一个问题："我得的是什么病呢？"尽管这个问题听起来似乎很简单，但我仍然倾向于不厌其烦地向我的学生、教职员工以及临床医生们寻求答案。"这是重性抑郁症"，"这一定是创伤后应激障碍（post-traumatic stress disorder，PTSD）"，"我确定这是惊恐障碍"，"我认为这是社交焦虑障碍"，"还有可能是酒精依赖症"……我得到的答案五花八门，甚至还有人说："不对，应该是肠易激综合征（irritable bowel syndrome，IBS）。"而当听众们列出了一长串可能的诊断结果时，我只能宣布我也不知道正确答案。因为答案可能是他们的诊断结果中的任何一项，或者其中的两三项。这些诊断结果都是最常见的心理疾病，它们的主要症状都包含了回避行为。

开始演讲之后，我会用剩下的时间说明为什么终止回避行为是治疗这些疾病的关键所在，并且会通过多项研究结果来佐证我的观点（附录中列出了支持本书观点的论文）。为了不让你读起来感觉寡淡无味，我承诺本书不会使用晦涩难懂的科学术语，也不会罗列单调的统计结果。但本书同样可以让你了解所有回避行为所产生的——让你与憧憬已久的幸福生活失之交臂的——负面影响。同时，这本书还会教你终止回避行为的方法，帮助你重新开启美好的人生。事实上，这些内容都和我演讲中用来展示结论的幻灯片密切相关。在这张幻灯片中，我重新回到了初始的那个临床案例上——那个买日常用品都需要弟弟代劳的患者。不同的是，我在演讲时提出了另一个问题："你将如何治疗我的症状？"无论是在美国的东、西海岸，还是在美国的其他地方，甚至是在美国以外的某个地方，我从观众那里得到的回答都大致相同，这和我问第一个问题时得到的形形色色的诊断结果形成了鲜明的对比。当然，答案就是"教患者一些技能，促使他们一次又一次地去那家日用品商店，直到他们发现，这种体验非但没有他们所预想的那么糟糕，反而更好；直到他们自发地克制回避行为，从而使症状得到改善，直至康复"。

没错，治疗方案真的可以这么简单。

当你拿起这本书寻找答案的时候，你就已经迈出了自我治愈的第一步。我将助你一臂之力。是时候终止回避行为，拥抱美好的生活了！

▌跨诊断疗法（transdiagnostic approach）

你可能已经读过一些书来了解自己的病症，但这本书与其他书相比有很多独特之处。首先，我会通过"跨诊断"疗法来呈现、诠释和治疗各种疾病和症状。"跨诊断"指对多种疾病或多个症状组进行横向诊断。比如，相比较而言，其他书籍可能会专注于某一种特定的疾病，如抑郁症、恐惧症、PTSD，而我们会运用一种疗效已经得到充分验证的方法，既治疗这些疾病的共同症状，又兼顾多种其他症状（如惊恐发作、间歇性的暴怒、强迫行为），以改善该症状组中每一种疾病的治疗效果。本书中涉及的疾病和症状组包括PTSD、重性抑郁症、惊恐障碍、社交焦虑障碍、广泛性焦虑障碍、特定对象恐惧症、强迫症（obsessive-compulsive disorder, OCD），以及很多相关的症状，如睡眠障碍、间歇性的暴怒、惊恐发作、感觉麻木、冷漠、长期忧虑等等。前述案例表明：回避行为是大多数心理疾病的共同症状。但是，当我们一步一步地完成每一周的练习时，你会发现这些疾病的名称和相关的病征并不是特别重要。重要的是，无论你的问题是一组还是多组症状；无论这些症状是否有特定的名称和定义，或者它们只是单纯地给你的生活造成了种种不便，本书中的练习都能解决这些问题。总之，这种跨诊断疗法应该能够帮到你。

关于本书的叙事方式

在整本书中我都将分享他人的故事片段作为案例。这些案例来源于这些年来我所接诊的患者。这些患者的故事和你的故事一样真实；和你一样，他们每一个人的故事都以生活受到了疾病症状的严重干扰作为开始；他们也曾经下决心为自己的症状寻求治疗方案，这一点和你读这本书的初衷不谋而合。通过长时间坚持不懈的努力，他们的生活逐渐变得精彩纷呈：社交关系和恋爱关系得到改善，教育程度和职业发展获得提升，娱乐活动内容得到了拓展，培养了更多的兴趣爱好，开始参与社区活动，等等。只要你跟随我的脚步，遵循相同的模式，完成相应的练习，我相信你的生活同样会焕然一新。我分享这些患者的故事给你，就是为了引导你、激励你一路坚持下去。

如何充分利用这本书

正如前面所说，这本书是在我的临床诊疗、教学、行政管理及研究经验的基础之上，结合针对心理健康症状的心理疗法编写而成的。特别值得一提的是，这本书也是在我过去 10 年研发的治疗方案——跨诊断行为疗法（transdiagnostic behavior therapy，TBT）的基础上编写而成的。尽管治疗手册和心理自助类图书在形式上略有不同，但两者所提供的治疗方法是基本相同的。并且，对于 TBT 和本书而言，两者的共同主题都是教读者鉴别、了解、挑战和停止回避行为。本书完全遵循 TBT 的模式，该模式的有效性已经得到多个科研项目和数百名患者的证实。如果你按照本书的顺序完成每一周的练习，尤其是周与周之间的练习，你应该能体验到与研究结果相似的症状改善。练习非常重要，我在这里特意再次强调这一点。我会告诉患者，在面诊期间，如果某一周内有一个小时你感觉症状有了改善，这是很重要的事情。更重要的是，你必须坚持做练习，让自己每一周的每一个小时都感觉更好。当你阅读本书的每一部分并做相应的练习时，这句话也同样适用。我写这本书就是为了提供一种直接有效的呈现方式，帮助读者轻松地学习并完成练习。但是，读书毕竟和参加每周一次的面诊有所不同。书提供了一种高效、直接的文本呈现方式，这会导致一部分读者由于阅读速度过快而无法完全领略这种治疗方法的精髓。因此，我鼓励你反复阅读，并且反复做书中的练习，直到你感觉到最初迫使你阅读这本书的那些症状已经大大减轻为止。我还会在后面的几周中提醒你这一点。

此外，如果你已经在接受心理医生的治疗，或者准备去看心理医生，这本书也可以成为治疗的重要辅助工具。TBT 正在得到越来越多心理医生的青睐：相关的研究纷纷见诸报端，我也常常应邀去各地演讲，负责相关的培训工作（并被委以重任来写这本书）。本书包含讲义和练习，可以为你的治疗面诊提供一种实证的形式。尽管和一位心理医生一起使用本书并不是保证治疗成效的必要条件，但是对于某些需要辅助治疗才有成效的患者而言，如果有个尽职尽责的人来监督他治疗的进展情况，会让他最终的治疗结果与他独自一人进行治疗时的结果大相径庭（这个负责监督你的人可以是你的心理医生、配偶、家庭成员，或者你的好朋友）。

准备好了吗？让我们开始吧！

第一周

识别消极情绪与回避行为的恶性循环

WEEK 1

你读这本书的目的是更好地了解自己为什么感觉不舒服。无论是对日常活动感觉单调乏味、缺乏参与的动力，对即将到来的事情感觉担忧和焦虑，对特定的场景感到恐惧，还是对所有的事情都感到烦躁易怒，最终都可以归因于你无法抑制的消极情绪，是它们促使你选择了这本书。在刚刚开启这段治疗旅程的时候，这些情绪可能会让你感觉难以承受、无力改变。但你不会永远受此煎熬。你完全有能力改变这一切，有能力将自己从令人痛苦的消极情绪和回避行为形成的恶性循环中解放出来。

我们的治疗之旅从本周开始，通过学习，你将会对自己的情绪有进一步的了解。我们将会看到主动远离生活圈子和自我孤立行为带给了你什么样的感受，以及为什么说这种做法是一切痛苦情绪的根源。我希望，在你对自身的情绪和这么做的动机进行深层剖析的同时，可以把握先机，改写自己的故事。对于整本书而言，这是至关重要的第一步。

这听起来很简单，不是吗？而我不这么认为。但如果你愿意继续阅读，我保证这样做会有效果。

了解你的情绪

首先,我要感谢你给这本书一个机会来展示它的功效。下面让我们来了解一下你周围的世界吧。我们最为关注的是你的情绪世界——它也是当初你选择这本书的原因。

当患者受抑郁症、焦虑症、PTSD,或者与压力相关的疾病困扰时,他们和你一样会体验到一系列症状(在后文中我将为你列出这些症状)。尽管人人都可能会偶尔体验到这些症状,但如果这些症状出现得过于频繁,可能就需要接受治疗。比如,当你得知某位家庭成员去世的消息,当你失业或者与恋人分手的时候,你感到难过是完全可以理解的。但如果连续几个月内有一半以上的时间你都深陷其中不能自拔,并且对于日常生活,无论好坏你都漠不关心,那就需要注意了。你可能会感觉自己的世界总是被乌云笼罩,这些乌云不是暴风雨来临的先兆,也并非日落后天空中的灰暗。这些乌云似乎永远不会消散。

在浏览这些症状之前,请先思考下面的两个问题,并写出你的答案。

1. 你感觉情绪低落的时间比例是多少?百分之 _____ 。

2. 你一周内有几天会无缘无故地感到情绪低落、愤怒、紧张或忧虑?一周 _____ 天。

表 1.1 常见的症状和消极情绪

请圈出所有你体验到的、让你越来越感到困扰的症状和情绪

抑郁 / 悲伤	反复检查	心存戒备
积极性不高	担忧	总有不祥的预感
精力减退	焦虑性思维	畏寒
缺乏内驱力	头痛 / 偏头痛	潮热
自我价值感低	腹泻 / 想上洗手间	感觉迟钝
过分内疚	头晕	窒息感
焦虑发作	强迫观念	呼吸急促
想伤害他人	强迫行为	出汗
睡眠紊乱	易怒	神经性痉挛
食欲增加	愤怒	易疲劳
食欲减退	沮丧	焦躁不安
想要伤害自己	大喊大叫	多疑
惊恐	毁坏物品	囤积癖
肠胃不适	害羞	逃避有压力的情景
恶心	面色潮红	做噩梦
肌肉紧张	口吃	闪回
颤抖	回避	侵入性记忆
注意力不集中	手指有刺痛感	哭泣
记忆困难	面色苍白 / 面无血色	善变
心率加快	对光敏感	不真实感
眩晕感	对噪声敏感	精神恍惚
害怕	感觉不到快乐	行动迟缓
来回踱步 / 心烦意乱	与现实脱节感	

你所注意到的任何其他症状：

_____

_____

_____

无论你是否圈出了一个或多个症状，你阅读这本书的出发点都是你正在体验着过多的消极情绪，它们如同乌云般挥之不去，让你寝食难安。消极情绪和由此引发的症状也会像乌云一样越聚越多，连成黑压压的一片。你可能会注意到，在表 1.1 中，你圈出了几个相似的症状，换句话说，你可能同时经历了某一组症状。在你阅读本书的过程中，这些症状组比单一的症状更值得重视。如果你看到的是一团乌云，通常意味着一场暴风雨正在酝酿。表 1.1 中的症状同样是这个道理。如果你具备其中的若干症状，很可能就会导致回避行为。你可以将这一组症状视作预警信号，随时保持警惕，预防回避行为的出现，防止风暴进一步加剧。

你身上最常见的症状（组）是什么？

_____

_____

_____

识别乌云的类型

现在让我们聚焦症状本身的具体特征,辨别其类型。人们在讨论消极情绪时,通常会使用抑郁、焦虑和压力等常规术语。但在这里,我们将进一步分析构成症状的各种要素,使它们更容易理解,以便最终治愈它们。

我们先来做个练习。请回想一下你最近体验过的一次特别强烈的消极情绪。比如让你的焦虑症、抑郁症发作或者让你暴怒的事件。痛苦的经历通常最容易回忆,比如诸事不顺的某一天,或者听到一个可怕的消息、即将发生一件让你压力倍增的事情的时候。回想一下乌云在你的头顶盘旋了一整天的感觉。

请描述你强烈的消极情绪突然爆发时的情景:

_____
_____
_____

请参考表 1.1,写下你体验到的症状。

_____
_____
_____
_____

你是如何知道自己当时感到 ＿＿＿＿ 的？（此处请填写情绪，如沮丧、焦虑、担忧、愤怒、害怕等。）

_____

_____

在那段时间里，你的身体有什么样的感觉？

_____

_____

当时你想了些什么？

_____

_____

当时你在做什么，或者没有在做什么？

_____

_____

强烈的消极情绪在发作期间会引发亚症状（subsymptoms）。亚症状可分为三类：身体反应、想法和行为。在我们分析你的消极情绪的同时，请将这三种类型记下来，并将你的症状进行分类。在后文中，我们将会针对你的身体反应、想法和行为（或者很可能是"不作为"）分别使用特定的干预治疗方法。事实上，不作为就是我们将要反复强调的回避、退缩和自我孤立行为。我们暂时把这些症状比喻为出现在你的故事里的一群恶棍。

谈到故事，我在引言中曾经提到，我将在整本书中分享其他人的故事作为案例。他们和你一样，是真实存在的，并且也曾经和你现在的处境一样，经历了艰难的开始。我希望他们的挑战和胜利能够激励你重新审视自己的经历。

让我们来了解一下安德鲁（Andrew）和苏珊（Susan）的故事吧。

安德鲁的故事：惊恐、害怕和焦虑

安德鲁从小就容易紧张。他不喜欢成为人们关注的焦点，每当需要在学校做汇报演讲的时候，他总是会假装生病。这一点在他长大后也没有任何改变。只不过现在他对于想做什么和不做什么有了更多的决定权——至少大多数时间如此。尽管他找了一份可以在家上班的工作，平时只和自己小圈子里的朋友们在一起，聚会地点也只限于这几位朋友的家里，但他仍然无法避免所有的社交活动。安德鲁的弟弟史蒂文（Steven）结婚的日子马上要到了，安德鲁的紧张心情一直持续到史蒂文结婚当天。他满脑子想的都是自己不得不应酬熙来攘往的客人。更令安德鲁不安的是，史蒂文还让他做伴郎，并让他在婚礼上致祝酒词。

婚礼当天早上，安德鲁知道自己没有后路可退了，开始变得越来越焦虑，甚至当他准备离开家的时候还经历了一次惊恐发作。如果安德鲁当时把他的焦虑解构为身体反应、想法和行为，可以得到如下结果：

表 1.2-1 安德鲁的症状分类表

身体反应	想法	行为
心跳加速	我快要死了	来回踱步
呼吸急促	我快要疯了	绞扭双手
眩晕	我必须离开这里	计划如何逃离当时的环境 （想各种办法尽早离开婚礼现场）
肌肉紧张	这样做不安全	回避 （想各种办法直接逃离婚礼现场）
出汗		
手指刺痛		
胃部不适		
颤抖		

苏珊的故事：抑郁症

苏珊一度认为自己的生活非常完美：她做着心仪的销售工作；她嫁给了大学时的恋人；她和丈夫刚刚搬进了理想的房子，社区环境优雅、邻里关系融洽。一切都是那么顺利。直到有一天，她发现自己常常因为家庭琐事与丈夫争执不休，早上害怕去上班，工作业绩也频频亮起红灯，并且越来越喜欢一个人窝在卧室看电视。她总是找借口拒绝和朋友一起出去玩，拒绝给家人回电话。久而久之，她的丈夫忍无可忍，从家里搬了出去。当朋友们打给她的电话被频频转到语音信箱之后，朋友们也渐渐和她断了联络。虽然她有时也会因此而感到懊恼，但她还是只想一个人躲清静。如果苏珊将自己的感觉分为身体反应、想法和行为三类，可能会得到如下结果：

表1.2-2 苏珊的症状分类表

身体反应	想法	行为
心率减缓	不值得这样做	躺在床上的时间比预想的更长
呼吸缓慢	我改变不了任何事	上班迟到或找理由离开/早退
心情沉重	真的太难了	逃避/回避责任和义务
疲惫		

▍给你的症状分类

下面轮到你了。让我们回想一下你所经历的糟糕透顶的某一天，你听到某个坏消息或者预先知道某个压力事件即将来临的时刻。把当时的情景回想一遍，然后像安德鲁和苏珊那样，把你的症状分为身体反应、想法和行为三类，并写在手册中的"症状分类表"上（见手册第1页）。

主要的消极情绪：

_____

_____

看看你的"症状分类表"中的各项内容，哪些症状引起了你的注意？

_____

_____

你注意到自己最常见的行为是什么？

_____

_____

▎如果乌云演变成飓风
（或许只是另一场暴风雨）

现在我们达成共识了。根据长期以来你所体验到的消极情绪的特定类型，我们已经为你设定了故事情节；我们已经讨论了如何根据与症状相关的身体反应、想法和行为（或者不作为）来识别这些症状的类型。但是，在继续推进之前，我们需要强调几个可能出现的严重症状。尽管相对于我们目前所提到的其他症状而言，这些症状并不常见，但是它们一旦出现，后果可能不堪设想。因此，识别这些症状是非常必要的。无论你是否体验过这些症状，我都希望你能了解它们，并且知道万一这些症状出现的时候该如何应对。换言之，尽管不是所有的暴风雨都会造成灾害性后果，但你必须做好万全准备，以防它转变成飓风向你迎面扑来，让你措手不及。这些严重的症状分别是惊恐发作、焦虑症发作，以及产生自杀和杀人的念头。

▍惊恐发作或焦虑症发作

（这种"暴风雨"雷声大雨点小）

这种被称为"惊恐发作"的消极情绪和强烈的身体反应有关。我们在安德鲁的故事中简单提到了这一点。大多数人至少体验过一次惊恐发作，通常是承受了重大的压力导致的。安德鲁列出的身体反应包括心跳速率加快、呼吸急促、眩晕、肌肉紧张、出汗、手指麻木或者刺痛、胃部不适、颤抖等等。

这一组身体反应本身就可以让患者感到恐惧和焦虑，有时甚至会寻求急救。比如，安德鲁去了医院，由于当时他心跳速率过快、呼吸急促、眩晕、颤抖，并且大汗淋漓，医院的工作人员很可能会将他送进急诊室，并进行检查。但这些身体症状真的很危险吗？会导致心脏病发作吗？会让人发疯或者情绪失控吗？

简单的答案是：不会。具体而言，对于没有任何慢性病（如心脏病、肺功能受损等）的患者，这些症状不会导致上述结果。接下来我们谈谈其原因。你听说过"战斗或逃跑反应"吗？这是人体的一种自然防御机制，动物也有同样的防御机制。它本质上是指身体转换到自动防御模式，准备战胜危险或者逃跑。这时候，为了避免受到（所感知到的）危险的伤害，身体的各个系统都将随之发生变化：

- 你的心跳加速，以求将血液输送到重要器官（肺部）、手臂和腿。
- 你的呼吸加快，以获得战斗或逃跑反应所需要的氧气。
- 你的肌肉变得紧张；事实上，由于肌肉过于紧张，你的手开始颤抖；你的血压可能会上升，导致轻微的眩晕。
- 你会感到精神紧张、肠胃不适，并且口干舌燥、手指刺痛，因为你的身体开始关闭非主要系统（消化系统），将血液从非主要部位（手指、鼻子、脚趾）输送出去。

这种战斗或逃跑反应，也称惊恐发作，主要是为了让你在遇到危险时能够生存下来，因此这种反应不能，也不会伤害你。这一防御机制也有一些极端的例外情况——如果你的心脏和肺都不够健康，使得你无法爬上几层楼梯，那你就承受不了惊恐发作，应该及时就医。但是，只要你的身体状况相对良好，惊恐发作就不会对你造成身体上的伤害，也就不需要紧急干预。

在本书的治疗方案中，你将学到如何安然度过惊恐发作期。以上症状是人体对强烈的压力、焦虑和恐惧（甚至愤怒）的自然反应，学习如何克服它们是自我治疗的关键一步。因此，在惊恐发作的时候，乌云的样子虽然让人觉得飓风马上就要来临，但最终会转变成无害的暴风雨，大雨过后便会自行消散。尽管它令人不快，却不会造成伤害。你只需要等待它逐渐消退，再继续你的活动，或者干脆无视它的存在，继续砥砺前行，风雨无阻。

注意：如果你想了解某些特定的身体症状，请向医生咨询。

症状发作期间产生了自杀和杀人的念头

（飓风将至，必须提前做好准备，必要时要采取紧急措施）

另一种与消极情绪相关的严重症状是产生了自杀和杀人的想法。出现这种情况通常与重度抑郁症的关系最为密切，但任何人在任何情况下都有可能产生这些想法。究其原因可能是环境压力，也可能是心理疾病症状延续了数周、数月甚至数年，却一直未能得到治疗。和惊恐发作或者其他看似紧急却没有威胁性的症状不同，一旦产生自杀和杀人的想法，必须立即向专业医护人员报告。

如果你或某个你认识的人可能产生了自杀或杀人的想法，请联系当地应急服务机构，或向最近的能提供应急服务的医院报告。如果将惊恐发作比作无害的暴风雨，那么自杀和杀人的想法就应该被比作危险的飓风。但是，在飓风来临之前，你可以学习如何辨别预警信号，并且在飓风渐渐逼近之际，准备好随时寻求紧急援助。自杀和杀人念头的"风暴"就像惊恐发作一样，也会随着时间而消逝。风暴可能会周而复始，也可能永不复返，而在风暴过后你将乐意重新迎接生活的挑战，拥抱快乐，更好地为下一场风暴做准备（如果风暴会再次来临的话）。

回避的重要性

我希望你已经对自身的消极情绪有了进一步的认识，并且学到了一些简单的技巧，可以在情绪风暴过于强烈的时候使用。学习这些技巧类似于辨别乌云的类型。你的消极情绪包括：①身体反应，如心跳加速、呼吸急促、感觉疲惫等；②想法，如"我快疯了"

或"我只想自己一个人静静";③行为,如避免参加人多的聚会,或者整天躺在床上。

如果你需要提醒,请回过头去看一下你之前填好的"症状分类表",或者复印一份新的"症状分类表",以备你产生不同的情绪时使用。

现在你已经对自己的症状有了新的认识,接下来我们将会更进一步地了解你的故事的主题:辨别并纠正回避、退缩和自我孤立的行为。你的生活本可以丰富多彩,而这些行为则是拥有美好生活的主要障碍。目前,它们对你而言不但不像恶棍,反而更像你可以依赖的、能"帮助"你管理强烈消极情绪的朋友,这一点后面我们将会进一步讨论。但是,我们很快就会发现,它们只会让事情变得更糟,让更多的乌云盘旋在你的上空。让我们先来了解什么是回避行为,为什么说它只会让事态雪上加霜,以及如何迎难而上,然后解决回避问题,开启自我治愈之旅。

▍认识你的回避行为

无论你是否已经意识到,回避行为在你的生活中都发挥着重要的作用,而且长期以来一贯如此。某些情况下,回避可能是你的最佳选择。在孩提时代,大人们会告诫你"不要和陌生人说话","饭后半小时内不要游泳","不要吃掉在地上的食物",等等。而有时候人们的善意提醒则令人费解,比如"千万不要踩裂缝,妈妈腰断骨头痛"①,"男儿有泪不轻弹","不要这么婆婆妈妈的"。无论是听父母、朋友、老师说起过,还是从电视或网络媒体上看到过,这些俗语中的大多数你可能都不会觉得陌生,它们中的每一条都是教我们如何回避的典型例子。

然而,这种对于回避的提醒并没有因为我们长大而停止。成年后,你会听到诸如"要避免在上下班高峰期走拥挤路段","没有涂防晒霜就要避免长时间晒太阳","要避免摄入太多的碳水化合物"等建议。同样,虽然一部分建议可能对你有益,但也不能一概而论。由于我们会受到生存环境、压力源和消极情绪的影响,有些建议反而可能会误导你,对你有害。

由于你正在阅读本书,很可能上一段的最后一句话对你而言是正确的。相生相伴的回避行为和消极情绪很可能已经成为影响你生活的主要问题。也许正是因为你的痛苦感受,你才一直回避和家人交谈,回避和朋友们在一起,甚至回避寻求帮助,这种情形一直持续到现在。正如我们后面将看到的那样,当你选择回避之后,你的情绪会变得更糟糕。让我们从诚实地审视自己的行为开始,一起来深入探讨回避行为吧。

通过摄像头审视自己

这是一个很好的练习,通过它你可以看到回避行为对你的生活所产生的影响。设想有人拿着摄像机要跟拍你一周。假设它是一台

---

① "Don't step on a crack or you'll break your mother's back"是一句英文俗语,是一种带有迷信色彩的说法,意指小孩子如果踩到裂缝,就会给妈妈带来厄运。——编者注

老式摄像机，无法放大你的面部表情，也无法录制你和他人的对话，只能记录你做过的事情。

请描述：摄像头中的你，上周一晚上在做什么？

_____

_____

请描述：摄像头中的你，上周二早上在做什么？

_____

_____

请描述：摄像头中的你，上周五晚上在做什么？

_____

_____

请思考：从摄像头中如何能看出消极情绪正在困扰你？

_____

_____

- 有抑郁症的患者可能会说："我看到自己每天不是在床上就是在沙发上。"
- 有焦虑症的患者通常会说："我看到自己忧虑重重，以至于忘记了重要的活动，甚至完全不参与这些活动。"
- 有惊恐发作的患者通常会说："看来我几乎不出家门，我的配偶不得不替我做所有的事情。"

- 有暴怒情绪的患者可能会说："我看到为了不让自己感到沮丧，我总是仓促地与人沟通，或者干脆远离他们。"

在上面每一种描述中（你的描述可能同样如此），回避行为都对消极情绪起着推波助澜的作用。下面的这个案例展示了你正在做（或不做）的事情与你的消极情绪之间的联系，说明了回避和自我孤立行为在你的生活中可能产生的重大影响。

马克的故事

36岁的马克（Mark）居住在美国纽约州（New York）西部，几年前我曾经和他一并致力于解决他的问题。我让马克做摄像机练习，尽管他当时对这种方法的效果表示怀疑，但他信任我，也相信我所描述的治疗方案可能会对他有帮助，所以愿意配合我。一周后，马克回来与我分享了他惊人的发现：从局外人的角度看，他的生活竟然如此单调和乏味。

而在此前的几年里，马克从来没有意识到他每天都会花好几个小时待在家里，只是坐在电视机前，或者看手机，抑或边看电视边看手机。当然，当感觉自己状态尚可的时候，他会去上班，并会做一些绝对不能再拖延的事情。比如等到还款的最后期限（或者比最后期限还要迟一天）才支付信用卡账单；当他的车发出异响，或者刚从车库开出来就失去控制的时候，才去预约汽车维修服务。透过那个虚拟的摄像头，他发现自己平时并没有干什么要紧的事情。他只是瘫坐在沙发上，不停地更换电视频道。他有时候会不知不觉地睡着；有时候会做点小事或者家务活，却很少做完，比如下一顿饭需要多少餐具，他就洗多少餐具（他后来干脆改用纸盘，这样就没了洗碗的烦恼）；或者混洗一大堆衣物，并且忘记把洗好的衣物放到烘干机里（然后依靠"嗅觉测试"来挑出尚能忍受的脏衣服继续穿）。透过虚拟的摄像头，马克能看到自己一罐接一罐地喝着啤酒，然后又不知不觉睡着了。马克还认识到，他的生活原本可以更加充实。透过虚拟的摄像头，我们能看到他本应该在周六陪侄子参加少年棒球联盟赛，或者周日与好友参加梦幻橄榄球选秀比赛，但是那个周末他却连家门都没有出。也许是因为身体不舒服，或者喝了太多的啤酒。但透过摄像头，我们看不到出现这种情形的原因或者理由（也无法展示当时马克内心正承受着消极情绪的煎熬），我们只能看到他又在家里宅了一个周末。

回避行为如何影响你的生活圈子

对于你和马克而言，诚实地审视自己至关重要。虽然你所感受到的痛苦是真实而强烈的，但如果回避让你倍感压力的社交活动，后果是你只能待在家里，错过对你来说非常重要的活动，进而逐渐疏离正常的生活圈子。此时此刻，在你的故事中，回避、退缩和自我孤立的行为取得了胜利——而你却失败了。

现在你已经完成了"通过摄像头审视自己"的练习，第一次清晰地看到了自己的消极情绪和回避行为。下面我们将从心理医生的角度来分析消极情绪和回避行为，以便更好地理解两者之间的联系。

这一过程往往从一件或一系列初始事件开始，这一（系列）事件让人产生了恐惧、焦虑、愤怒或者抑郁等多种消极情绪。可以是50件不同的事情导致50个人产生了初始的消极情绪，也可以是 50 件不同的事情让同一个人产生了初始的消极情绪。比如失业、与配偶分居、亲人离世、意料之外的惊恐发作、目击或者亲历创伤性事件等，总之有无限种可能。可以是一件大事导致的，也可能是多件小事积累而成的。你的初始事件虽然和马克的初始事件不同，但很可能它就是促使你阅读这本书的原因。

无论如何，初始事件让你开始了回避行为的恶性循环。然而，症结并不是这件（些）事情所引发的初始的消极情绪。当不好的事情发生的时候，感觉难过是情理之中的。消极情绪并不是元凶。更确切地说，当一个人选择用回避或者自我孤立来应付消极情绪的时候，将会导致更大的问题。从本质上说，这个人正在逐渐从自己的生活圈子里退出，他远离了压力源的困扰（如失去工作后没有钱支付账单），同时也远离了潜在的健康的事物（如失去亲人后来自家庭成员的支持）。人离自己生活的圈子越远，感觉就会越糟糕；而感觉越糟糕，就越想远离这个圈子。至此，回避行为就占据了上风。事实上，回避行为和消极情绪的严重程度会随着时间的推移逐渐恶化，以至于尽管最初引发回避的初始事件或缘由已经逐渐被淡忘（也许你已经坦然接受了和男朋友分手的事实），但消极情绪和回避行为的恶性循环仍会继续，并且它们会彼此强化（于是，你不再和别人约会；你回避所有的朋友，无论他们和你的关系是否密切；你懒得再去繁华的商业区……这些行为都加重了你的抑郁情绪和孤独感）。

这一过程如图 1.1 所示。

这个循环通常始于一件或者一系列消极事件，这些事件触发了患者的消极情绪，反过来，消极情绪使得患者从自己的生活圈子中退出。

```
一个或多个事件  →  焦虑和抑郁  →  回避、退缩和自我孤立行为
```

尽管适当放松、睡懒觉、回避压力看似对缓解消极情绪有一定的帮助，但事实是：回避、退缩和自我孤立行为会加重消极情绪。

```
一个或多个事件  →  更加焦虑和抑郁  →  回避、退缩和自我孤立行为
```

你体验到的消极情绪越强烈，你自我孤立和回避的欲望就会越强烈。

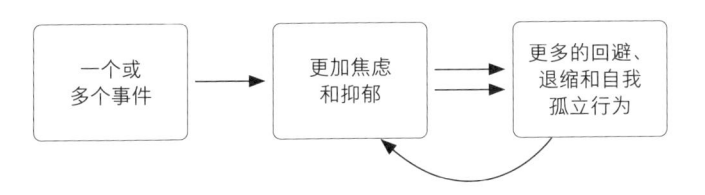

```
一个或多个事件  →  更加焦虑和抑郁  →  更多的回避、退缩和自我孤立行为
```

当然，自我孤立和回避的次数越多，你的感觉就会越糟糕，直至会自动循环反复。即使触发消极情绪的初始事件已经被你淡忘，但自我孤立和回避模式还将继续使你产生消极情绪。

```
更加焦虑和抑郁  →  更多的回避、退缩和自我孤立行为
```

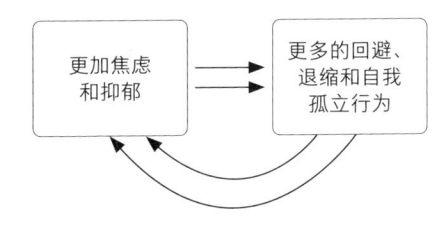

图 1.1 消极情绪模型（焦虑、恐惧和抑郁）

马克的故事（续）

让我们回到马克的故事中，看看这个模型如何与他的经历相吻合。从前的马克不总是郁郁寡欢，也不会经常错过重要的活动。如果回顾一下他的故事，我们就会知道，马克已经结婚，他的职业生涯一帆风顺，常常与家人和朋友共度闲暇时光。然而一系列的错误决定导致他的经济压力增大，使得他不堪重负：从朋友那里买的二手车出了故障；为了中大奖花了一大笔钱购买彩票；在酒吧里挥霍了太多的时间和金钱。与此同时，马克与妻子之间频繁的争吵致使双方感情破裂，两人渐行渐远，他们对彼此的怨愤也随之越积越多。

马克的妻子忍无可忍，最终从家里搬了出去。下班回家后，马克变得形单影只。这一系列的转变让马克备受打击。他感到十分沮丧，并且开始回避之前喜欢的社会活动。他现在孤身一人，不再像从前那样夫唱妇随地和妻子共同出席社交场合。他开始脱离自己的工作圈子：他打电话请病假的次数越来越多，不再愿意和同事相处，也不想听他们分享幸福的家庭生活；他开始避免和朋友及家人在一起，因为他知道这些人会问询他的近况，或者想聊聊他与妻子的事情。久而久之，初始事件及抑郁情绪导致马克回避的频率越来越高。他的上司对此开始抱怨，而马克也深感内疚和惭愧（消极情绪加重）。遗憾的是，马克不但没有正视问题、解决问题，反而辞去了工作（回避行为加重）。而那些想陪伴他、乐意为他提供帮助的朋友们也感到非常沮丧和失望，因为他们屡次联系马克，但马克既不回电话也不回短信。此时的马克已经无暇顾及手机不断发出的短信接收提示，深深地陷入了因为妻子的离开、朋友的疏远而产生的自责中（消极情绪与日俱增），对于语音信箱中的信息也漠不关心（回避行为症状加重）。一段时间之后，朋友们不再和他联系，马克和家人通话的时间也越来越短，频率越来越低，探望家人的次数也越来越少了。多年以后，尽管马克已经从离婚的阴影中走出来，找到了一份新的工作（和此前的工作相比，对他的要求不高，但薪水也相应减少了），但是马克仍然感觉意志消沉，基本上处于自我孤立的状态：很多个下午和周末，他都一个人喝啤酒消磨时间。

通过这个案例，你能回想起可能导致自己回避、退缩和自我孤立的初始事件（类似于导致马克的消极情绪和回避行为的事件）吗？请将它们列出来吧。

能导致回避行为的事件 / 因素：

_____

_____

_____

另外，由于每个人症状的持续时间不同（数月、数年、数十年），你可能无法将消极情绪的开端与某个特定的事件联系起来。幸运的是，找到引发消极情绪和回避行为的具体原因可能有助于理解病情的根源，但它不是治愈消极情绪的必要条件。

回避行为如何将你引入歧途

回避和自我孤立是人们对抑郁、焦虑、恐惧和愤怒等消极情绪的自然反应,对马克和其他无数人来说都是如此。但是为什么我们会用回避的方式来处理自己的消极情绪呢?答案是,尽管回避行为和很多消极因素有关,但我们确实可以通过回避和自我孤立引发积极情绪。

简而言之,回避有时候会让人感觉良好。

我们偶尔也会作出一些回避性的选择。想一想,你是愿意在上班高峰期在拥挤的人潮中奋力前行、到公司后一整天都面对令人焦头烂额的工作压力,还是愿意选择请个病假,舒舒服服地躺在被窝里睡到自然醒?你是愿意去一家人头攒动的餐厅排队等座位,还是愿意点一份外卖,坐在家里的电视机前慢慢享用?

你能想到自己曾经使用过的一些看似积极的回避方式(回避困难的任务)吗?请列出几种。

_____

_____

_____

_____

_____

但是,这些积极情绪通常是轻微且短暂的,它们可能确实在片刻减少了你的不安。正如马克每天晚上的第四罐啤酒,可能的确给他带来了一些安慰……只不过很短暂（还会让他在第二天早上出现宿醉的状态）。当然，回避行为通常都会带来负面的影响。短期来说，回避和自我孤立在带给你短期益处的同时，通常会引发其他问题；而从长远看，它们还会妨碍我们寻求真正的解决方案。短期的舒适和放松将诱使你进入更加黑暗的地带（滋生多种消极情绪）。在我们分析你的问题之前，先来看几个例子。

表1.3-1（示例）回避行为及其短期、长期影响，长期结果

回避行为	短期（积极）影响	长期（消极）影响	长期结果
整个早上都躺在床上睡懒觉，而不是着手处理有难度的工作任务（抑郁情绪）	睡懒觉比奋力拼搏完成困难重重的工作任务感觉更好	未能完成任务，而新的任务也会随着时间的推移继续累积	回避的任务越来越多，堆积如山，处理这些任务的难度也越来越大，导致工作受到越来越多的差评
宁可错过母亲节与家人的聚餐，也不愿去人多的饭店（恐惧）	回避在人群中所感受到的痛苦和煎熬	错过了与家人的聚餐，家人很失望	回避人群的次数越多，适应群体生活的能力就越差，久而久之，将失去家人和朋友的信赖，家庭关系和朋友关系会随之变得越来越紧张

表 1.3-2（示例）回避行为及其短期、长期影响，长期结果

回避行为	短期（积极）影响	长期（消极）影响	长期结果
反复检查作业，而不是将作业提交给教授并接着做下一项作业（焦虑）	将每一项内容检查了四遍后，焦虑感才得以减轻	检查耗时过长，即使只检查一遍，也导致没有足够的时间完成下一项作业	第一次作业还没有完成，提交第二次作业的时间就到了，这将影响到所有作业的成绩，这个人很快就变得手足无措了
拒绝与邻居说话，因为在上一次的交流中"他们冤枉了你"（愤怒）	为了防止愤怒的情绪升级，你选择了远离	临时的回避转变成了长期的回避，导致邻里关系破裂	曾经友好的关系变成了对邻居的置之不理或者回避，并让其他人为自己的沟通代劳（如让自己的配偶与那位邻居的配偶交谈）

让我们再回顾一下前面的问题。你曾经使用过哪些回避方式，看似积极（回避困难的任务）却最终导致了长期的消极结果（如被公司解雇）？请列出几种。

_____

_____

_____

_____

_____

接下来的几周内，我们将花一些时间来帮助你纠正短期的"积极"回避习惯，从而改变你长期受困于消极情绪的现状。回避行为的诱导性在于，它通常会带来即时性的积极效果，并逐渐演变成围困你的圈套。我们将一起想办法识破这个圈套。虽然这个过程需要一些时间，但如果你开始认识到自己为什么会选择回避，你就已经完成了重要的一步。

时刻保持警惕

你已经了解了回避行为产生和持续的原因，以及它加重消极情绪的方式。接下来的几周里，你会学到一些克服回避行为的技巧，同时体验到症状的改善——逐渐停止回避，回归正常生活。作为这一过程的第一步，你需要更多地了解你在日常生活中采用回避行为的情况。

- 你会在什么时候采取回避行为？
- 你会在什么地方采取回避行为？
- 你会如何采取回避行为？

我希望你从现在开始就能够对生活中的回避行为保持警惕，并能使用手册中的"回避场景记录工作表"（见手册第3页）对回避行为进行追踪。你将会了解到回避行为在何时、何地给你的生活造成了困难，恶化了你的消极情绪，或者屏蔽了你的积极情绪。请在这张表中列出所有你目前已知的和在接下来几天（周）内注意到的回避行为，以及与之相关的情绪。你的回避行为有时可能会和某种强烈的消极情绪有关（如伤心、焦虑、恐惧等），有时可能和缺乏积极情绪有关（如漠不关心、感觉麻木、缺乏动力等）。当你发现自己居然列出了如此之多的回避行为时，你一定会感到非常惊讶，不过你需要一段时间才能注意到这一点。

由于受消极情绪（如抑郁、焦虑、恐惧等）的影响，或者缺乏积极情绪（如漠不关心、缺乏动力等），你曾经回避过某些人和事件，不得不提前离开某个地方，不得不提前结束某项任务和活动，不愿触及某些想法和记忆……请写下来所有你所想到的相关内容，它们可能包括在某个特定商店购物、在特定的道路上开车、在特定的餐厅就餐、在特定的公共场所逗留、回想或谈论此前发生的某个特定事件，或者完成某项特定的任务、参加某项特定的活动，等等，也包括当前和最近发生的某些事件。评分栏内可以是消极情绪（-100 ~ 0），也可以是缺乏积极情绪（0 ~ 100）。其中，-100表示最严重的消极情绪，0表示完全中性的情绪，100表示最积极的情绪。我在这张表中填了两个例子供你参考。

了解自己何时会采取回避行为，是你回归正常生活最重要的一步。本书的使命与目标就是，通过不断地回溯你回避生活的那些时光，让你更容易地辨识这些场景，挑战自我，从而修正你遇到问题就采取回避行为的自然反应。慢慢地，你采取回避行为的意识就会逐渐减弱，你的感觉也会逐渐好转，你在"回避场景记录工作表"中所记录的回避行为也会越来越少。

我们将陪你一起走过这段旅程，帮助你达成目标。将回避行为从你的生活中驱逐出去。

小结

我希望你从现在开始就认识到：尽管这些消极情绪非常强烈，但它们可以被化整为零，方便我们理解，最终更利于治疗。正如你花更多的时间研究自己的乌云，就更容易识别出它们的种类（以及风暴即将来袭的征兆）一样。当症状下一次发作的时候，请你将这些症状按照我们之前讨论过的那样（以身体反应、想法和行为）进行分类，重点关注那些你尝试用以应对这些症状的特定行为（如回避）及其效果。

请记住：你"做的事情"会直接影响到你的感受；而你"不做的事情"将会让你陷入困境。消极情绪循环和你"不做的事情"（回避和自我孤立）是问题的核心。无论是为了尝试应对消极情绪，还是处理破坏性事件，你对某个地方、某种行动或者某个人的回避都会让一切变得更糟糕。尽管回避会让你感到片刻的放松，但它最终助长了你极力想阻止的情绪。如同那些屡禁不止的家庭害虫和那些总也打不死的好莱坞电影怪兽，回避行为助长的消极情绪（缺少的积极情绪）越多，你的问题就会变得越严重。

在接下来的一周里，我希望你留意自己的回避行为，并将它们记录在"回避场景记录工作表"中。你的回避行为发生在什么地方？频率有多高？回避行为如何妨碍了你追求属于自己的生活？了解问题是解决所有问题的第一步。

在下一周，我们将确定你的治疗目标，锁定你的病因，以便你作出必要的改变，进而从消极情绪中复原。一旦你完成了这一步，就可以正式开启"停止回避，回归正常生活"的治疗之旅了。

第二周

设定目标，
积聚改变的动力

WEEK 2

通过上一周的学习，你已经了解到回避和自我孤立的行为是自身问题的关键。在经历了一次重大的压力事件或创伤性事件之后，消极情绪（或者缺乏积极情绪）和回避行为会互相促进、如影随形。是的，有时候待在舒适的家里要比融入嘈杂的人群感觉轻松得多；回避上司要比面对团队工作上的失误轻松得多；关掉闹钟继续睡觉要比艰难地从床上爬起来面对日常的压力源轻松得多。但是，通过回溯，你逐渐认识到，正是回避和自我孤立行为所带来的短暂轻松让你陷入了恶性循环之中。

同时，你也了解到回避和自我孤立带来的短期益处与长期的消极情绪密不可分。比如，你日复一日地足不出户、远离人群，最终，即使在你最喜欢的快餐店，只需要排最短的队，都成了你放弃就餐、转身回家的理由；而一次又一次地回避上司、缺席会议可能会导致你的工作遭到差评，最终被解雇（当然，你也可以认为这是一个主动辞职、赋闲在家的好理由；前文中，马克就是这么做的）。

通过追踪自己在每周的日程安排中采取回避行为的时间、地点及方式，你就学会了使用新的视角来审视自己的情绪。当你看到了回避行为对生活的负面影响时，你就明白了，如果不想生活在"从此无忧无虑"的童话幻境中，哪怕仅仅是想减少消极情绪的困扰，用大量的积极体验和积极情绪取而代之，你必须克服什么、战胜什么。

本周，我想让你思考一下你希望通过这本书达成的目标。这意味着你需要进一步了解你的故事中那个未来的英雄——也就是你自己。我将会敦促你制定一系列目标，帮助你成为那个英雄。

没有冒险精神就成不了英雄。我们将会通过探究一系列的"为什么"来构建你的故事。具体来说就是，为什么你要读这本书？为什么你会学习这些内容并尝试相应的练习？为什么你会有动力尝试停止回避，回归正常生活？

你是如何回避的？

显然，我们对本周寄予厚望。我们现在讨论的是如何成为英雄，如何计划一场成功的冒险之旅。但在此之前，我们需要回顾一下你的作业，即第一周的"回避场景记录工作表"。在对其进行回顾并问你几个后续问题之前，布置任何新任务的作用都是微不足道的。我们需要诚实地回顾上一周到现在的这段时间。毕竟，这种记录不是一份静态的文件——它应该随着时间的推移而不断变化。事实上，你目前应该注意到了越来越多你所回避的场景或者活动，并且很可能对它的频繁程度而感到震惊。但是随着治疗的继续，你的生活将逐渐变得丰富多彩——治疗过程会变得更加有趣，你也应该会随之逐步划掉越来越多你从前回避的场景。

下面我们先来回顾一下"回避场景记录工作表"，并回答几个问题。

你以前能识别出自己正在回避的事物吗?
○ 能　　　　　　　○ 不能

对于大多数人而言,识别自己回避的事物一开始可能很难。但是一旦开了头,后面的工作就会如行云流水一般顺利,直至你把"回避场景记录工作表"填满。比如,如果你回避某一家餐厅或者某个商店,你还会回避其他类似的地点吗(如电影院、酒吧、体育赛事现场、文艺演出的剧场等)?如果你一直都无法判别出自己回避的场景,你可能需要重新温习一遍前一周的内容,或者需要试着请教朋友、家人或者邻居,听一听他们的意见。如果你没有可以请教的人,想一想这是不是因为你的回避和自我孤立行为导致的呢?也许这个问题的答案就可以帮助你找到自己正在回避的事物。

你注意到自己所回避的事物有什么特点了吗?

个人的回避行为常常很相似。有的活动需要独自一人(独自去看电影)完成,有的活动需要融入人群(去热闹的酒吧)才能完成,哪一种活动你回避得更多?
○ 独自一人　　　　○ 融入人群

你的回避行为更容易受哪一种情绪的影响?
○ 情绪低落　○ 焦虑　○ 愤怒　○ 恐惧
○ 我没有任何的情绪(没有活力、没有动力、没有乐趣)

后面我们将会花更多的时间对你的回避行为进行分类。现在,我们只需要进一步探讨你的回避行为所涉及的领域。比如,你只会回避在银行排队，还是在日用品商店、餐馆、洗手间等场所也会回避排队？

请列出所有你注意到的规律：

_____

_____

在后面的学习中，我们会反复地回顾这张清单。你需要对自己故事中的恶棍（回避行为）保持密切关注。请继续记录和寻找规律（以便找到更多可以追踪的回避行为）。

确认你的目标

正如每次学习新事物时需要设定目标一样，设定目标也是治疗方案中不可或缺的一个环节，它会为你提供明确的努力方向。在很多情况下，你所要制定的目标是不言而喻的。如果你想在后院周围建一圈篱笆，你的目标就是固定好最后一根横杆；如果你打算更换汽车的电池，你的目标就是在转动插在点火器上的钥匙后汽车能发动起来；如果你想拯救一位公主，你的目标就是成功闯入城堡，把公主救出危险的环境。然而，当涉及抑郁、焦虑和其他消极情绪的时候，目标就很难确定了。比如，你如何判断某种治疗抑郁情绪的方案是成功的？你如何确定治疗焦虑的方案产生效果的时间？

你可能会想，我只想感觉好一点，或者只想恢复正常。此类目标的问题在于它们很难被量化，因而很难确定达成目标的具体时间。"感觉好一些"的真正意思是什么？"正常"又指的是什么？

没有哪种血液化验指标能告诉你,你的愤怒程度已经在"正常值"以内了;也没有哪种秤能让你知晓,你对开车的恐惧级别已经从"不敢开车,使得自身行动受限"下降到"开车时自由放松、充满自信"。

所以,让我们参考上一周的练习制定你的目标。

如果有人扛着摄像机跟在你的周围,他们如何知道你正被抑郁、焦虑或压力所困扰?

_____

_____

进一步来说,如果在治疗期间,他们继续用摄像机对你进行跟拍,如何才能知道你已经克服了抑郁、焦虑或压力的困扰?

_____

_____

请你花点时间分析下面的例子,学习如何将一种令人不快的情绪或症状(愤怒)变成一个总体目标(感觉不那么愤怒),以及如何再将其变成一个可以观察到或可验证的目标(比如能在日用品商店里排队,而不是选择离开)。

(示例)治疗目标清单

目标1:在陌生人面前不像从前那样愤怒和暴躁了。

采取回避/自我孤立行为的原因:避开我不认识和不信任的人。

可观察到的/可衡量的变化(让其他人看到这种变化):可以

在日用品商店里排队，而不是选择离开；可以与家人一起在餐厅用餐，用餐期间不需要去餐厅外面喘口气平复心情，或者提前离开餐厅；可以和妻子一起参加公司团建活动并与同事闲聊。

下面该轮到你了。你能为自己设立一个类似的小目标吗？有什么可衡量的方法，可以透过摄像机镜头向他人展示你的进步？

我知道，在设定目标之前，你可能会认为这是一项较为艰巨的任务。这很正常。因为在一开始的时候，人们会普遍认为这些症状在自己身上已经根深蒂固了，是无法改变的（其至在某些情况下对自己是有好处的）。更不用说回避行为是一个诡计多端、很难对付的恶棍了——这会让人觉得战胜它实乃任重道远。尽管就目前而言部分情况是这样的，但这也不是一成不变的。无论你的症状已经持续了 4 个月、4 年，还是 40 年，它们也只不过是某种可治愈的疾病所表现出的症状而已。一旦你锁定了目标，就可以改善这些症状，从而停止回避，回归正常生活。

你还要认识到，这些目标是需要不断更新的。你需要进一步明确和扩展这些目标，并且，在达成或者更好地理解最初目标的同时，要追加新目标。以锻炼身体为例。当你第一次锻炼身体的时候，你的目标可大（如跑马拉松）可小（如走完 1.6 公里）。但是当你达到某个里程碑的时候，这些目标可能需要被逐步细化或者调整（如调整为参加本地 16 公里长跑比赛）。而针对症状设立目标时，我们要采用同样的方式，在后面几周中不断对它进行回顾。换言之，如果你想成为这个故事中的英雄，成功地自我治愈，你就必须明确自己的起点和目标。你要尝试治疗至少三种症状，并且要在"治疗目标清单"中分别设定可以观察到的目标以跟进其进展，直至目标达成。

治疗目标清单

目标 1：_____

采取回避 / 自我孤立行为的原因：_____

观察到的 / 可衡量的变化（让其他人看到这种变化）：

_____

_____

目标 2：_____

采取回避 / 自我孤立行为的原因：_____

观察到的 / 可衡量的变化（让其他人看到这种变化）：

_____

_____

目标 3：_____

采取回避 / 自我孤立行为的原因：_____

观察到的 / 可衡量的变化（让其他人看到这种变化）：

_____

_____

目标 4：_____

采取回避 / 自我孤立行为的原因：_____

观察到的 / 可衡量的变化（让其他人看到这种变化）：

_____

_____

目标 5：_____
采取回避／自我孤立行为的原因：_____
观察到的／可衡量的变化（让其他人看到这种变化）：

_____

_____

无论你是自己确定这些目标，还是与亲近的人分享这一过程，对你来说都有很大的帮助。你可以和你的另一半、父母或好友分享。有时候，对于事态的发展和哪些方面可以改变，他们可以为你提供另一个视角。从本质上说，他们提供了一个外部视角，或者说是一个摄像头，可以看到你的回避和自我孤立行为及相关情绪如何妨碍了你追求自己想要的生活。或许他们可以看到你所忽视的内容，因此在寻找需要改变的目标时，你应该好好地利用这个优势。

为改变找理由

现在你已经设立了一系列的初始目标，接下来你需要确定自己作出改变的理由。这个治疗过程并不容易，否则你早就完成了改变，也不需要读这本书了。因此，你需要开发出一系列工具来帮助自己克服未来的挑战。正如故事中的英雄需要知道他们战斗的原因，你也必须知道自己为什么要改变。现在，请你思考自己决心作出改变的理由。这样做有什么意义呢？一个人想要改变自己可能会很难，但如果你的理由足够充分，做起来就会变得相对容易。

在此之前你也曾经在逆境中前行：坚持完成了最后几周的学业；从创伤、疾病、手术中恢复；度过了一段穷困潦倒的日子。

在这些场景中,你一直都有机会放弃。但是你最终设法让自己渡过了难关,原因很可能是你对最重要的事情保持了专注度。与其等到不得不在背水一战和直接放弃之间作出最后抉择的那一刻再思考改变,不如从一开始就明白改变的必要性,这可以帮你在紧要关头坚持到底。

以下是一些常见理由的示例,你的理由可能会与之相同。

(示例)改变的理由清单

理由1:为了我的家人(妻子和女儿)而改变。

理由2:为了重返工作(或学校)并再次支撑起我的家庭而改变。

理由3:为了让我爸爸/妈妈再次为我感到骄傲而改变。

理由4:为了不再错过与朋友/家人的活动而改变。

理由5:为了让自己更健康而改变。

现在轮到你写出改变的理由了。与回顾你的治疗目标类似,我们会要求你不断回顾这些理由,并根据需要进行更新。示例中的内容你都可以使用,这些理由常见于受到情绪困扰的患者身上。找到你自己的理由,停止回避,回归正常的生活,从现在开始做你自己故事里的英雄!

改变的理由清单

理由1:_____

理由2:_____

理由 3：_____

理由 4：_____

理由 5：_____

确定起点，准备启程

本周的最后一步是确定你的起点。通过记录目前的状况，你可以追踪事情的进展情况。我们继续以锻炼身体为例。这类似于你用 4 分钟跑了 0.8 公里，又用 9 分钟跑了 1.6 公里，接着用 20 分钟跑了 3.2 公里，然后再来回溯你所跑过的路程。通过对距离和时间的回溯，你就可以追踪自己的进度了。

但是，正如我们前面所讨论的那样，你的焦虑和回避症状远比锻炼身体更难测量。截至目前，并没有血液化验般的度量方法能测出你的变化，因而我们主要通过手册中的"症状自查表"（见手册第 7 页）判断你的症状是否有所改善。有的问卷调查喜欢长篇大论，而我喜欢简明扼要。

在根据"症状自查表"打分的同时，你就为自己的故事设置了开场白。在后面的几周中，我会让你重复用这张表给自己打分，以便在治疗期间追踪你的进展。下面，请先对你的自身症状进行打分，并计算出总分，然后在手册中的"症状追踪表"（见手册第 32 页）上填写总分和打分日期。"症状追踪表"将会帮你了解自己的症状在治疗过程中的变化情况。

小结

现在你已经选定了治疗目标，汇总了完成这些改变的理由，并确定了自我治愈的起点，以便了解治疗完成之后自己的进步有多大。在接下来的一周里，请继续追踪你的回避行为，并回顾你在本周制定的目标。也许你会将"改变的理由清单"撕下来放在手边，或者把它复印一份放在你经常可以看到的地方。记录下自己的回避行为之后，再看一看回顾这些目标的时候你的心情如何。现在，你已经真正开启了自我治愈的旅程，也意味着你将通过挑战回避、退缩和自我孤立行为来提升自我感受和生活质量。

在下一周，你将正式挑战回避行为，直至最终纠正它，你将学习恢复正常生活所需要的各种方法。我们接下来将要学习的暴露疗法（exposure therapy）是心理治疗中最强大的工具之一，也是你一直以来在苦苦寻觅的解决方案，它能帮助你停止回避，回归正常生活。

WEEK 3

第三周

向消极结果的错误预判发起挑战

在前两周中，你的学习重点是了解回避、自我孤立行为与情绪之间的联系。具体来说，我们讨论了你的清单上日益增多的回避活动，以及它们对你的生活造成的影响，即短期的积极影响和长期的消极影响。我们强调了在日常活动中留意自己的回避和自我孤立行为的重要性，并准备从现在开始追踪、处理这些行为，以便充分地了解自己，在回避行为出现之前就设法取代它，并最终战胜它。

接下来你设定了治疗目标。像所有故事中的英雄一样，你需要一个使命或目标以克敌制胜。你不能只有"我想感觉更好"或"我想让抑郁情绪少一些"的意愿，还需要把目标用"可观察到的变化"这一形式表达出来。如果你感觉不那么抑郁、愤怒或恐惧了，是不是可以透过摄像头，看出这些变化？这些目标非常重要，它们将为后续的练习引领方向。

与此同时，你也找到了自己的动力，准备应对即将面临的挑战，作出自己期望的改变。你概括了自己决心阅读本书（并参与每一周的活动）的理由。对于为什么一定要一丝不苟地将这本书从头到尾地读完，你现在应该已经了然于心，并且将义无反顾地敦促自己做完后面的练习，停止回避，回归正常生活。

最后，你完成了对"症状自查表"的第一次评分，它记录了你在治疗开始时的情况。在你继续学习后面的内容并不断取得进步的过程中，你可以将它与你后面的分数进行对比，这样我们就可以看出你的进展情况或者变化了。至此，你为自己的故事设定了开场白，确定了最大的挑战目标（挑战回避行为），并决定不再忍受它的折磨，准备好勇往直前，为自己争取更美好的生活。现在一切准备就绪，你的自我治愈之旅即将启程。

本周我将向你介绍如何实现稳中向好的转变。这种方法就如同英雄手中的利剑，将会成为你停止回避行为，回归正常生活的利器。换句话说，你将学习如何通过"暴露疗法"来挑战回避和自我孤立行为，减少消极情绪。让我们开始吧。

重温回避陷阱

由于你在第一周所学到的回避和自我孤立行为初始模型与本周将要学习的内容密切相关，所以在学习新的内容之前，让我们先简单地温习一下。该模型中，一件或一系列的初始事件让你体验到了恐惧、焦虑和抑郁等消极情绪。一旦如此，你可能就会开始疏远和回避重要的人、任务和场景。我们通过马克的故事对这一过程进行了说明。你可以看到，马克回避的事情越多，他就感觉越痛苦；他感觉越痛苦，就越想回避。久而久之，马克的消极情绪越来越严重，采取回避和自我孤立行为的频率也越来越高，这最终导致他失去了工作，并与家人和朋友渐行渐远。几年后，尽管他已经走出离婚的阴影，但消极情绪与回避和自我孤立的恶性循环却在不断强化，直到他开始寻求治疗方案，学习如何停止回避，回归正常生活。

在我们再次讨论这个模型之际,你很可能已经开始关注自己在日常生活中采取回避和自我孤立行为的规律。当你填写"回避场景记录工作表"的次数越来越多时,你应该会发现,回避行为无所不在。

　这个模型可能看起来过于简单。你可能会质疑:如此简单的方法怎么会有效果呢?是的,它确实很简单,但对于我们的目标而言,简单是它最大的优点。当你开始这场改变之旅的时候,挑战越简单,就越容易达到目的。

尽管通过"回避场景记录工作表"的总结,你很容易看出哪些事情有问题,哪些事情会继续困扰你,但它未必能够说明全部情况。回避和自我孤立行为的伎俩远远不止这些。在下一步或接下来的模型中,我们将进一步探究回避和自我孤立行为的威力何其强大,以至于几乎主宰了你的生活。

深入剖析回避 / 自我孤立循环

你已经认识到自身的回避和自我孤立是个问题,而在向它们发起挑战之际,我们需要更深入地了解它们。第一周我们讨论了消极情绪和自我孤立的关系,第二周讨论了如何设定目标、找到动力。在本周,我们将开始进一步探讨回避行为。我突然认识到这种情形可能和你小时候第一次参加足球或棒球练习的场景有很多相似之处——教练在喋喋不休地强调要团队合作,以及比赛如何有趣,而所有的孩子都只希望比赛赶快开始。你们此刻一定都迫不及待了,想要挑战自己的回避和自我孤立行为,这让我非常欣慰。事实上,也许你已经自行开始了挑战(这也是可以的)。我承诺我们很快会正式开始挑战,同时也向你保证,在正式开始练习之前,多了解几个关于回避和自我孤立的要点是非常值得的。

回避和自我孤立的新模型关注的是你决定离开某个地点或者完全回避某个场景的那一刻,该模型如图所示(见图 3.1 至图 3.3)。

经常采取回避/自我孤立行为可能会导致恶性循环。每一次你采取回避行为去解决问题都会给未来参与活动的尝试带来更多挑战,这会强化你最初的不适感,从而使你总结经验、战胜回避和自我孤立行为的过程变得更加困难。

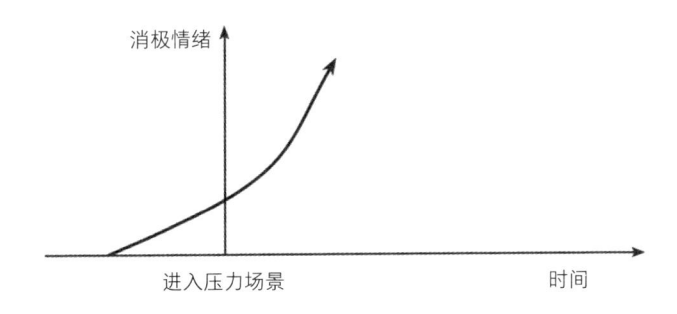

图 3.1 当压力场景逼近的时候,你的消极情绪通常会加重。一旦进入压力场景,这些消极情绪可能会迅速恶化。

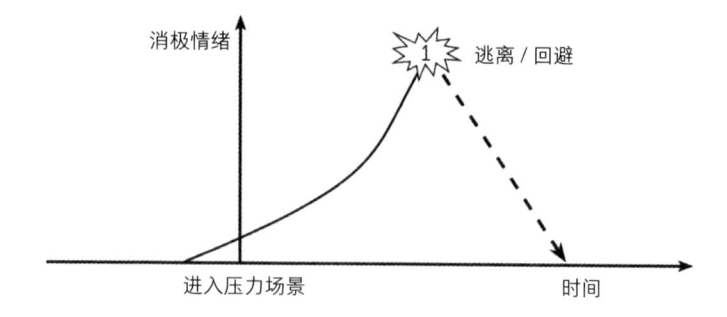

图 3.2 逃离 / 回避压力场景后，初始消极情绪快速减轻，你将体验到回避 / 自我孤立的短期益处。

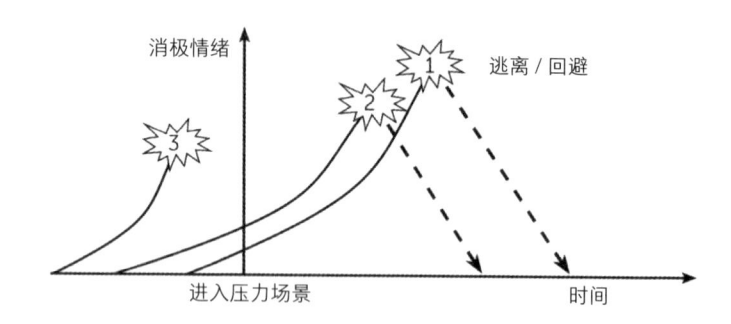

图 3.3 但是，你逃离 / 回避的次数越多，未来你就越会习惯于采取逃离 / 回避措施，这样它就成了你解决问题的"捷径"。同时，你的消极情绪也会来得更快，更难克服。久而久之，你会慢慢习惯在进入压力场景之前就开始逃离 / 回避。

现在，每当你进入有压力的场景中，你的消极情绪就会迅速飙升。它就像乌云一样，时刻伴随你左右。随着这些消极情绪的持续，你想要回避的冲动也逐渐增强。最终，这些强烈的情绪可能会导致你离开或逃离这一场景，让你体验到消极情绪减轻的短期益处。然而，这种循环并不会就此停止，反而逐渐变得更加稳固。换句话说，当你再次回到压力场景中时，最初你用来应对压力的回避行为，导致你产生了更强烈的消极情绪和逃离冲动，迫使你再次离开压力场景（并且会比之前离开得更快）。最终，这些消极情绪和逃离的冲动会强烈到足以迫使你回避所有压力场景，从而导致你体验到长期回避带来的消极情绪。回避行为就这样取得了胜利。

马克的故事（续）

我们已经多次提及马克的故事了。现在我们把他的故事应用到这个回避和自我孤立行为的新模型中。马克在工作上的困扰是该模型的一个典型案例。马克的妻子离他而去之后，在完成此前从未困扰过他的活动时，比如上班或和朋友聚会，他体验到了强烈的消极情绪。马克的初始消极情绪主要是悲伤和愤怒，以及羞耻和尴尬。就上班来说，从他早上起床的那一刻，消极情绪就悄然而至。他不得不强迫自己从床上爬起来，刮胡子、洗澡，然后穿好衣服、吃早饭、离开家去上班。完成每一项任务的同时，他的消极情绪和回避的冲动也在慢慢增强。一开始，他还能勉强应付每一天的工作，直到他决定采取回避行为。一天，马克在上班的时候收到妻子发来的一条短消息，要与他争论离婚事宜。他的悲伤和愤怒情绪一下子变得难以控制，他无法忍受这种折磨，于是收拾东西匆匆离开了办公室。离开（回避）给马克带来了片刻的轻松，让他从工作和与同事互动的压力中得到了暂时的解脱（短期益处）。当然，这样做并没有解决他和前妻之间的问题，反而留下了一堆尚未完成的工作。但抛开一切回到家里，并喝上几杯啤酒后，他确实暂时忘记了烦恼（更多的回避行为）。

从此以后，马克请假的次数越来越多，从每周一次到每周几次。他请假回家的时间也越来越早，从刚开始的下班前两小时早退，到只工作半天，再到后来，他干脆一整天都不出家门了。他早上甚至不再会为日常的上班做准备，而是躺在床上睡懒觉。有时他知道自己第二天根本不会去上班，就会在前一天晚上喝得酩酊大醉，到了第二天还有宿醉的情况。

最终，他的回避行为占了上风。他辞去了工作，并将责任归咎为前妻的离开以及老板的冷漠（长期的消极情绪）。当然，辞职和赋闲在家显然对他的消极情绪没有任何帮助，反而一步步加重了他的抑郁和愤怒情绪。也就是说，马克虽然暂时抚平了上班和完成工作任务可能带来的消极情绪，但他也屏蔽了因为完成工作、与同事友好互动而产生的积极情绪，而导致他婚姻出现问题的经济压力也没有因为辞职而得到缓解。归根结底，马克利用回避行为来解决问题，却让自己的糟糕处境和相关的消极情绪变得越来越严重。

通过这个模型和马克的例子，我希望你能了解回避和自我孤立行为在你生活中的作用，以及它带来的负面影响。

你能想到更多你逐渐开始回避的场景吗?

_____

_____

你之前有没有做过哪些事,但由于受消极情绪的影响而不再做了?

_____

_____

只要想到这些事情,一定要把它们补充到"回避场景记录工作表"中。因为你将认识到,将回避的场景一一罗列出来,然后使用暴露疗法对症治疗,是非常有效的。

▌用暴露疗法证明你的回避行为是错误的

好了,终于到谈论暴露疗法的时候了。暴露疗法是你可以用来打破回避/自我孤立恶性循环,纾解困境的最有效工具。在讨论情绪的整个过程中,我一直提及暴露疗法。我们一直在关注你的故事中的恶棍——回避和自我孤立行为。通过学习它们在你的生活中落地生根的整个过程,我希望你做到以下两点:①了解自身的回避和自我孤立行为与消极情绪之间的联系;②准备好对它采取措施。

让我们先通过一个简单的案例来了解一下暴露疗法的工作模式。我喜欢尽可能用最通俗易懂的语言来介绍它们。暴露疗法的概念很简单，并且合情合理，但单纯介绍它的工作原理可能会让人产生困惑。因此，我想通过多数人能够理解的一种消极情绪——恐惧，以及通常不会导致人们产生恐惧的消极情绪源（猫）来说明这一原理。

汤米的故事

我们假设汤米（Tommy）是一个九岁的小男孩，他和你同住一个小区。汤米是个人见人爱的好孩子，骑自行车路过时总是会和你打招呼，看到你需要帮助时也会主动上前，比如帮你把装满物品的购物袋提到屋里。从表面看汤米是个很正常的孩子，事实也是如此。但有一天他和你分享了他的苦恼——他不大喜欢猫。事实上，他害怕猫，甚至对猫有恐惧症。当然，你也曾经注意到，有一两次，当汤米发现屋外有一只邻居家的猫时，他撒腿就跑；还有一次，汤米正在骑自行车，他看到那只猫坐在离人行道不远的地方，立刻掉头骑车走了。对此你也没有太在意。而今天，汤米让你不得不思考这个问题。

汤米问你是否喜欢猫，是否听说过"猫抓病"[1]（cat-scratch disease）。他还告诉你他小时候曾经被姑姑家的猫抓过。虽然治愈那次小小的抓伤只需要一条绷带和妈妈的一个吻，但汤米说他再也不会去姑姑家了。姑姑家和汤米的家相隔甚远，所以他暂时还不用太担心。

---

[1] 猫抓病是由汉塞巴尔通体经过猫抓咬后侵入人体而引起的感染性疾病，临床表现多变，但以局部皮损及引流区域淋巴结肿大为主要特征，病程呈自限性。——编者注

然后汤米说，他最好的朋友乔治（George）——就是那个你常常看到的和汤米一起玩的小朋友——刚刚养了一只猫，这下可难倒了汤米。汤米觉得自己再也不能去乔治家了，再也不能和乔治在他家的地下室里玩一整天的游戏了，再也不能和乔治的家人一起吃晚餐、看电影了，而且，以后绝对不能在乔治家过夜了。对于汤米而言，那只猫的到来破坏了他的美好生活。他问你是否愿意成为他最好的朋友？对于他的请求，你感到非常荣幸，并提出要帮助汤米克服对猫的恐惧感，这样他就可以重新和乔治一起快乐地玩耍了。

汤米故事中的恶棍是谁？或者，更具体地说，汤米用了什么办法来应对他的消极情绪（和暂时缺乏积极情绪的情况）？你认为汤米的短期行为所带来的好处，比失去他最好的朋友这一长期后果更重要吗？

我希望到目前为止这些问题对你而言是很容易回答的。事实上，我没有为你准备写答案的地方，因为我知道，你已经有答案了。当然，汤米正在尝试用回避的行为（毫无效果）来应对他对猫的恐惧。如果远离猫，他就不会再感受到因为猫而产生的恐惧和不适（短期好处）。但与此同时，汤米也意识到了这种做法的长期消极后果——失去最好的朋友，并且需要找到一位新朋友。

现在，让我们来看看下面的两个问题，我很想知道你的答案。你会建议汤米做什么来减轻他对猫的恐惧？他可以用什么办法来让自己感觉越来越好,并且恢复与乔治的友谊?

_____

_____

_____

没错,汤米可以通过克服回避行为、习惯和猫相处来消除自己的恐惧。具体而言,汤米需要逐步增加和猫相处的时间来验证这样做是否真的有危险(暴露疗法)。他需要经常去看那只猫,直到他验证自己恐惧的事情(被猫抓到或者受伤)是否会真的发生。他需要验证自己的恐惧是否有必要。并且,无论他担心的事情是否会发生,他都需要知道——如果真的发生了,情况到底有多糟糕。换句话说:如果被猫抓伤,只伤及表面(需要绷带和妈妈的一个吻),会严重到要采取持续性的回避行为(以失去最好的朋友为代价)的地步吗?或者说,他的恐惧和焦虑真的有那么严重,以至于他宁可失去最好的朋友也不愿意想办法克服恐惧吗?

现在我们要用这个例子来分析一个以暴露疗法为核心的新模型:使用暴露疗法终止回避/自我孤立循环。让我们拿这个模型和回避/自我孤立模型进行比较。

▌使用暴露疗法终止回避/自我孤立循环

在回避/自我孤立的循环中,逃离/回避行为减少了初始消极情绪(短期),同时鼓励了未来更多的回避行为(长期)。相比之下,我们可以使用暴露疗法挑战我们所恐惧的消极结果(短期),以此减少消极情绪、增加积极情绪（长期）。暴露疗法会赋予我们力量来反击和终止回避/自我孤立行为的恶性循环(见图3.4至图3.8)。

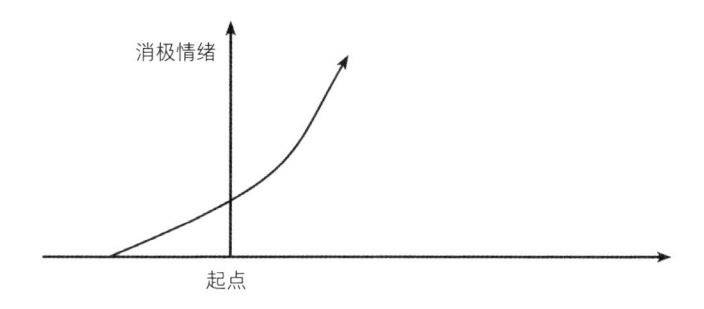

图 3.4 当你预期会发生消极结果的时候，消极情绪倾向于加重。

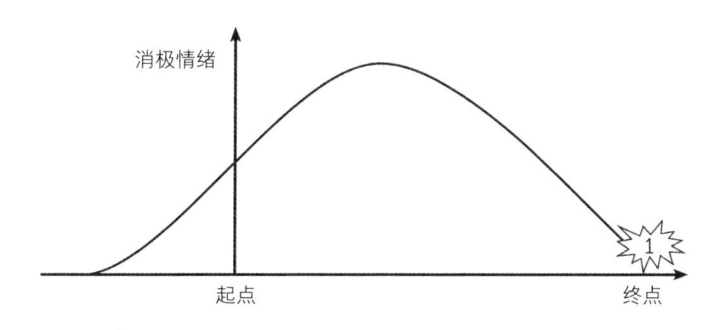

图 3.5 但是，如果你坚持留在当时的场景中，面对这一场景，挑战自己预期的消极结果，总结经验，你的消极情绪就可能会趋于平稳并逐渐减退。

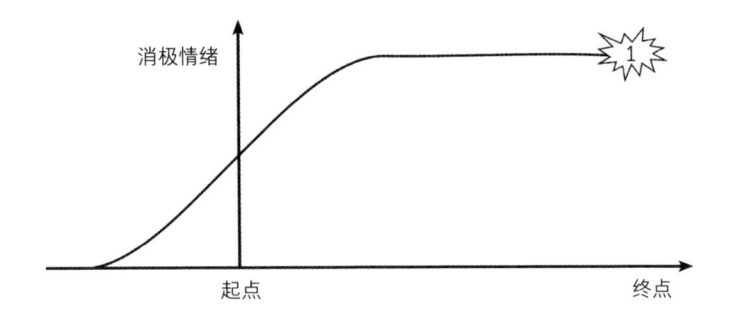

图 3.6 即使你的消极情绪没有减轻，你也会从挑战预期的消极结果这一过程中总结经验，并为下一次的暴露练习做好准备。

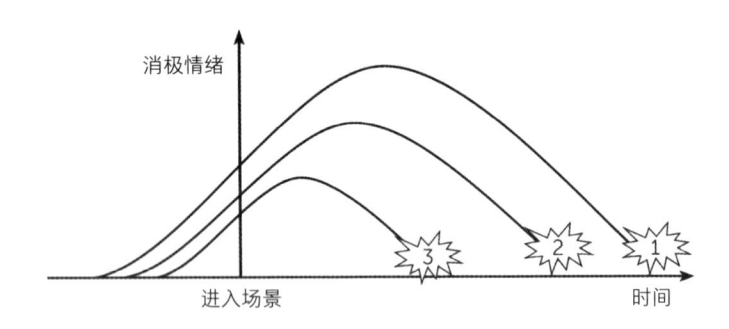

图 3.7 如果你坚持挑战预期的消极结果，无论是在峰值点（见图 3.5）还是在高原期（见图 3.6），你都会学到一种新的方法来接近和应对这些场景。久而久之，消极情绪对你的伤害会变得越来越小。

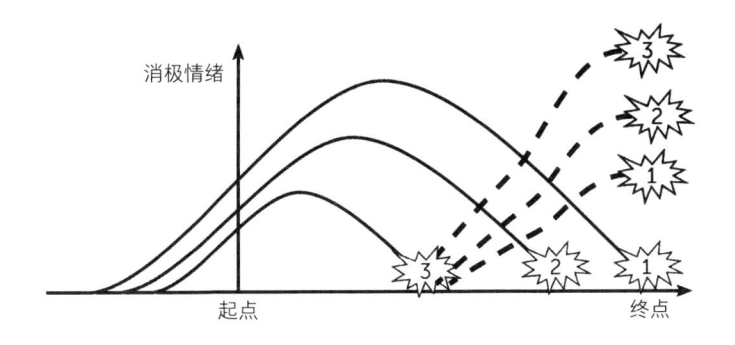

图 3.8 不断重复的暴露练习可能会对消极情绪产生影响。此外，它对预期消极结果的影响也能促进积极情绪不断提升。

和回避/自我孤立模型一样，当你进入压力场景的时候（见图3.4），消极情绪快速飙升。但和回避模式不同的是，你选择停留其中，并且将自己暴露于相关的情绪中。正如你看到的那样（见图3.5），如果你预先知道了停留其中的结果，你的消极情绪就会上升到峰值（最高点），然后会逐渐消退（减弱）。或者，如图3.6所示，你的消极情绪可能会上升到峰值（最高点），然后处于高原期（保持在最高点的位置），你仍然有机会验证停留其中的结果。基于我们在第一周讨论的内容，你已经知道——强烈的消极情绪对我们的身体没有任何伤害（不会发生心脏病发作或中风之类的事情）。当这种对风险的警惕感消失之后，你就可以轻松地适应压力场景并验证你预期的结果。

让我们再回到汤米的案例上来。汤米对猫有恐惧症，如果他自愿和乔治的猫共处一室，开始时他会感到紧张和害怕，因为猫就在他的身边（见图3.4）。但是，如果汤米继续留在有猫的屋子里，发现并没有发生任何严重的后果，汤米最终就会习惯和猫相处，并且他的消极情绪也会随之减少（见图3.5）。

如果你在自己曾经回避的场景中完成了第一次的暴露练习，你将会收获新的心得体会。

1. 你会发现，这个场景事实上并没有你想象中的那么危险或者令人不快。你的消极情绪也不会对你的身体造成伤害（如心脏病发作或者心力衰竭）。

2. 你会发现你其实可以承受高强度的消极情绪，它们可能会上升到峰值，然后逐渐消退。

3. 这种心得体会将给你留下非同寻常的印象。很可能你不再会认为自己无法应付这种场景，也不再会认为自己必须采取回避才能感觉好受一些，而是会认为停留在场景中真的很难，但是你能做到——你的感觉会变得越来越好。

请圈出你的答案：

如果汤米和这只猫在房间里共处了半个小时，甚至一个小时，并逐渐感觉更加放松，那么他再次看到这只猫时会有什么感觉？

○ 更不自在　　　　○ 更自在

他再去乔治家的可能性会变得更大还是更小？

○ 更小　　　　○ 更大

他能重新和乔治一起开心玩耍的可能性会变得更大还是更小？

○ 更小　　　　○ 更大

显然，反复练习是暴露疗法的关键要素之一。为了从第一次练习中有所斩获，你在场景中停留了足够长的时间；第二次练习的时候你应该更容易走进这个场景，消极情绪的程度也会减轻（见图3.7）；你的第三次练习甚至会更容易一些，以此类推（见图3.7）。在更理想的情况下，当你开始重新享受这个场景（与家人或朋友一同开心出游、观看体育赛事，或者完成一项艰难的任务）的时候，你应该能同时体会到消极情绪的减弱和积极情绪的提升（见图3.8）。

汤米后来怎么样了呢？

汤米最终接受了你的建议，直面他对猫的恐惧，并且发现没有发生任何不好的事情。那只猫没有咬他或者抓他（即使被猫抓了咬了，他也明白这没什么大不了的）。汤米现在能够很好地控制自己的恐惧情绪。当他再去乔治家的时候，尽管他认为那只猫不会伤害他，但仍然会小心翼翼。他让自己的焦虑上升到峰值，再等待其消退，并且为下一次的到来做好了心理准备。一段时间后，那只猫再也不会让他感到困扰了。更重要的是，汤米和乔治重新成为最好的朋友，并且无论他们在哪里玩耍都会感到非常开心。汤米已经成功地停止了回避行为，重新开始正常生活了。

计划你的第一次暴露练习

好了，现在让我们开始暴露练习。

请从"回避场景记录工作表"中挑选一个场景尝试你的首次暴露练习。本周你的目标就是尝试这项活动，并填写手册中的"首次暴露练习表"（见手册第15页）。你需要选择一项你有能力尝试的活动，而不是选择规模最大、难度最高的活动。正如动作片中的英雄，他们通常都会先和小喽啰打斗一番，最后才会和头号反派过招。

一旦你选定了首次暴露活动，只要有机会你就要尽快去尝试。具体的日期和时间你可以预先设定，也可以在尝试后填写。尽管在后续治疗过程中，日程安排是保证活动顺利完成的关键因素，但是在必要的情况下也可以调整时间。

填写"首次暴露练习表"时，你要在进行暴露练习期间追踪自己的情绪波动，包括起点、峰值及结束时的感受。请试着尽可能地关注你在练习过程中体验到的所有身体反应、消极想法及行为，这样你才能尽快地将它们记录下来。同时，请你记录这次练习所花费的总时间。总之，要把一切都记录下来，这些信息对于你在停止回避，回归正常生活的旅程中规划新的暴露练习是不可或缺的。

小结

在下一周中，我们将更深入地探讨暴露练习。但是在此之前，你至少需要对暴露练习有一个总体上的了解，这一点至关重要。因此，请在我们进入第四周的治疗之前试一试你的这件新工具。虽然我希望汤米的例子对你有所帮助，但如果能对自己亲历的暴露练习进行揣摩，并与后面的相关内容结合起来，你会有更多的启发。

下一周我们将继续学习暴露疗法，以及如何把它应用到你的情绪体验中。找到一把得心应手的宝剑固然重要，但更重要的是学习舞剑的技巧。我们将会回顾你的首次暴露练习——你必须在学习后面的内容之前尝试一次。我们还会进一步探讨暴露练习的更多细节，并且完善它，使它更加有利于克服你的回避行为。这将会帮助你调整好状态，尝试更具挑战性的暴露练习。

让我们开始吧。我知道这会对你有帮助的。

第四周

开始暴露练习

WEEK 4

我们用了三周的时间，讨论了与回避和自我孤立行为相关的所有问题。你已经对自己的回避和自我孤立行为进行了追根溯源。你已经认识到，是与回避相关的短期积极结果强化了你采取回避的行为，你还了解了消极情绪和回避行为之间的相互作用。现在，我希望在了解了回避和自我孤立行为，以及你在日常生活中使用它们的真正频率之后，你会对它们感到厌倦。这是一个令人振奋的时刻：你已经受够了回避行为，再也无法忍受它在你的故事中占尽先机。此时此刻，我知道你已经跃跃欲试，准备挑战下一个目标——停止回避，回归正常生活。所以，让我们先一起快速检查一下你的症状吧。

▎重新设置场景，以求识别目标，并为未来的旅程做好准备

完成对暴露练习的计划之后，为了追踪其效果，在整个治疗过程中，你都要监控消极情绪相关症状的发展。我们需要对你之前的症状进行回顾，以对比你目前的进展——即使疗程才刚刚开始

几周，也是可以看到一些变化的。请填写手册中的"症状自查表"（见手册第 7 页），你可以追踪自己消极情绪的变化和回避策略的使用情况，其原理类似于前文锻炼身体的例子中对锻炼的时间和距离的追踪。

请先用"症状自查表"打分，然后在"症状追踪表"（见手册第 32 页）中填写总分和日期。"症状追踪表"将帮助你了解治疗期间自身症状的变化情况。

你完成得如何？从第二周的记录开始，你的分数有什么变化吗？请圈出你的答案。

○ 没有发生变化或症状加重　　　　○ 症状有所改善

没有发生变化或症状加重：如果这种情况发生在你身上，请不要气馁。除了记录大量新的信息并监测自身的症状变化之外，对于挑战自身回避行为（从而实现治疗目标）的策略而言，目前还不需要你做太多的事情。如果说这会对你有什么影响的话，对自身症状的了解和监测可能会提升你对回避行为的认识（这有利于你作出改变），因而导致你对回避行为和相关症状的评分比之前的分数更糟糕。不要灰心，请耐心等待，你的症状很快就会发生改变。

症状有所改善：说实话，目前你仍处于治疗过程的早期阶段，你的症状如果出现改善，我会感到很意外。当然，这也是有可能的，并非鲜见之事。其原因可能是，在对回避和自我孤立行为的理解上，在挑战回避和自我孤立行为上，你的认知获得了提升，从而信心倍增，对更美好的未来有了积极的畅想。或者，你越来越坚信自己的故事会有一个完美的结局。如果是这样的话,我会非常高兴的。你向成功迈出了一大步。你相信自己能够成功地改变,这种积极心态将帮助你顺利完成之后的暴露练习。

另外一个可能的解释是,在我为你下达指示之前,你自己已经开始挑战回避行为了。如果是这样,我同样为你感到开心。换言之,本书前面几周的目标是让你将回避和自我孤立行为视为恶棍,迫使你对它们的丑恶嘴脸感到义愤填膺,因此你会迫不及待地进行反击。如果你有这样的感觉,我鼓励你继续阅读本书。

无论是否出现了改变,也无论改变(或者尚未改变)的原因如何,你能坚持阅读本书,完成这个治疗项目,我都由衷地感到高兴。在审视你的治疗进展的同时,我们将会不断重复用"症状自查表"打分。只要坚持治疗,你应该很快会看到改善。

你的首次暴露练习

我们在上一周介绍了暴露疗法这个概念。暴露疗法是本治疗方案中实现改变的驱动力。在你的故事中,回避和自我孤立行为已经在你的人生中占了上风,而暴露疗法将成为你战胜它们的最佳武器。在上一周的结尾,我们针对暴露疗法进行了详细的说明,还附上了"首次暴露练习表",从而记录你的首次暴露练习。如果你还没有尝试首次暴露练习,那你一定要先完成练习,再继续学习本周的内容。

你尝试了什么样的暴露练习？

你第一次的暴露练习做得非常棒！无论结果如何，这都是一项重大成就。该练习的目标是通过直面你惯常采用的回避场景来尝试挑战你的回避行为。你已经知道这并不容易，但你依然勇敢地尝试了这一挑战，尝试克服自己长期形成的回避和自我孤立模式，真的很了不起！

也许你已经注意到，我在上一段中多次使用了"尝试"这个词。我这样做就是为了强调一点：你已经尝试过挑战回避行为了。我不是在恭维你对暴露练习的驾驭能力，也不是表扬你在"回避场景记录工作表"上划掉了一项内容。此时此刻，我只想称赞你为此付出了足够的努力。

借此机会，让我们快速回顾一下第三周中的用暴露疗法终止回避／自我孤立的循环，如图3.4至图3.8所示，在进行一次暴露练习之后，症状并不会有所改善。只有不断尝试，你才能够体验到回避冲动的降低和消极情绪的减轻（见图3.7）。这个（过于简单的）模型显示，只有在进行三次暴露练习之后（此处有剧透警告），这些消极情绪才会快速消退。也就是说，通常需要进行几天甚至几周的暴露练习，才能让你：①克服回避的冲动；②减轻消极情绪；③在这些场景中充分体验到积极情绪。进行暴露练习时，有时异常艰难，有时相对容易，有时进展顺利，有时还会功亏一篑。在后面几周我们会一一进行详细的说明。现在先让我们庆祝一下——你完成了首次对暴露练习的尝试，这意味着你在停止回避，回归正常生活的旅途中又迈出了关键的一步。

就这次尝试本身而言,下面有几个相关的问题需要你想一想:
是什么让这次暴露练习具有挑战性?

_____

_____

它激发了你的消极情绪吗?
○ 是　　　　○ 否
它激发了哪些消极情绪?

_____

_____

之前你预期会发生什么事情?事情发生的方式和你预想的一样吗?

_____

_____

什么样的身体反应、想法和行为促使你选择回避?

_____

_____

你找到让自己停留在这种情境中的理由了吗?

_____

_____

暴露练习为什么结束了？

_____

_____

在暴露练习结束的时候你的感觉如何？

_____

_____

我希望，在采取措施挑战消极情绪，向着你在第二周确定的目标前进的过程中，你对首次暴露练习的尝试会让你感觉眼前一亮。

▎研习暴露练习技巧，让它对你行之有效

现在我们来进一步剖析暴露练习。研究表明，暴露练习可以帮助人们在不同的场景中应对各种挑战。这些挑战的时间、地点、时长和练习频率都是多种多样的。比如，有些练习可以独自在家里完成，有些则需要与他人相处或到某个地点才能完成；有些练习可能耗时较长（每次都需要几个小时），有些练习则可以速战速决（每次只需要几分钟）。此外，暴露练习还可以选择不同的频次（一周三次，或者每天两次）、难度进阶（从最简单的活动开始，一直到最难的活动为止，或者在简单、中等难度、难度较大的活动中随机选择）、种类（不断重复其中一种活动，直到症状改善，或者在整个过程中体验多种活动），以及完成的方式（自己一个人完成、者和朋友、家人一起完成）。总之，暴露练习的方式可以不拘一格。

暴露规则

尽管完成暴露练习的方式多种多样，但大量的实际研究表明，按照特定的方法做暴露练习，成功率会更高。我们将这些技巧称为暴露规则。

规则 1：做暴露练习应当提前计划、精心安排，并要具有可预测性

你需要提前计划暴露练习的时间、具体内容及时长。在你计划下一次暴露练习和使用手册中的"暴露练习追踪工作表"（见手册第 16 页）的时候，我们将会再次讨论这一点。也就是说，你应当知道自己将要进入什么样的场景，并且应当把握大局。

在拟定活动计划的时候，你说了算，你才是从始至终要对练习负责的人。此前我曾经遇到一些患者，他们的配偶或者朋友迫使他们在还没有准备好的时候就开始进行暴露练习（比如，我有一名患者，她的男朋友为了帮她克服幽闭恐惧症，将她锁在了一个狭小的壁橱内）。在这种情况下，练习通常很难顺利完成，而且收效甚微（这名患者和她的男朋友分手了，这个结果虽然令人遗憾，但也是情理之中的，而在接下来的几周内，她体验到了更强烈的回避冲动，以至于要回避我们的面询预约）。总之，在这一过程中，如果有人能够支持你是一件非常好的事情，但应该仅限于支持，而不能强迫。

规则 2：制定备选方案

另一个不错的方法是制定一个备选方案，以防暴露练习的初始方案无法实施（如下雨、商店打烊、你的朋友不能到场）。有时，天气等不可控因素会导致最佳方案无法如期进行。但是，你的成功不应当仅仅依赖于好天气或者朋友的陪伴。回避行为已经浪费了你太多的宝贵时间，你不应也不必等到万事俱备才向它发起挑战。你要积极采取行动，重新主宰自己的生活。因此你需要制定一个备选方案，确保暴露练习能风雨无阻地进行。

规则 3：预期在练习场景中会感觉不适

由于回避已经成为你生活的常态，因此暴露在你之前回避的场景中时势必会让你感到不适。无论你的情绪反应程度是轻微、中等，还是强烈，只要你体验到了消极情绪，就说明暴露练习正在发挥它应有的作用。当然，如果你没有体验到任何消极情绪，也就意味着你可能需要重新审视自己所选的暴露练习，并要更换其他练习场景。

这种情绪反应带来的不适感类似在健身房锻炼时感受到的压力——你必须感受到负荷，锻炼才能有效。这种压力可能来自举起更重的哑铃，增加跑步的里程，或是提升锻炼的频率、速度。你可能会气喘吁吁，心率可能会上升到一个新的高度，或者感觉到肌肉疲劳。重要的是你必须敦促自己有所提升。假设你平时就能轻松举起一袋 22.6 千克的狗粮，那你锻炼的时候就不应该满足于举起相同重量的哑铃。同样，你不能选择简单的暴露练习（那些你平时已经在做的事情）却指望能看到进步。你必须找一个适合你的、有挑战性的起点，并逐步提升难度。

然而，锻炼与暴露练习相比有一个重要的区别。锻炼的时候，你可能会因为尝试举起过重的哑铃或者跑得太猛而致使身体受伤。幸运的是，暴露练习几乎没有类似的风险。我们在第一周曾经探讨过，绝大多数消极情绪是没有伤害的，哪怕是最严重的发作形式，如惊恐发作。其中一个例外是自杀的念头。尽管这不太可能和暴露练习有关，但如果你产生了任何类似的情绪，都必须非常重视，并且要马上寻求帮助。

规则4：坚持在暴露练习之前、期间和之后追踪自己的情绪

在布置第一次暴露练习任务的时候我们曾经讨论过，在整个练习过程中，你必须从头到尾地追踪自己的情绪波动。你可以在脑子里进行追踪，也可以将它记录在"暴露练习追踪工作表"中。你已经完成了对首次暴露练习的追踪，在后面的练习中你也要坚持这么做。你只需要每五分钟左右检查一次自己的情绪波动情况就可以了。至少你要尝试确定自己的情绪在起点、峰值和高原期，以及练习结束时的情况，并且要注意区分消极情绪和积极情绪。在后面的几章中，我们将会更多地讨论如何在暴露练习中提升积极情绪。这种追踪对于确定你何时可以结束暴露练习非常重要（当你不再使用回避策略时即可停止练习），后面我们会进一步说明这一点。

规则5：在暴露练习期间不要采取"安全行为"

患者在接受治疗之前，通常可能已经穷尽各种方法来克服自己对不同场景的回避。其中一个常见的例子就是喝酒。你是否有过这样的经历——为了出门与朋友一起"放松"，为了面对人群时更轻松一点，或者为了让家庭聚会更有趣，你先喝了几罐啤酒。"安全行为"（safety behaviors）的例子有很多，如服用一些处方药，这些药往往是苯二氮䓬类药物[①]，如阿普唑仑[②]或地西泮[③]。其他"安全行为"包括：只在配偶的陪伴下进入你习惯回避的场景，如参加社交聚会；总是背靠墙壁；总是待在可以观察到所有逃生通道的位置；只在非正式营业时间进入公共场所（如在下午4:30去餐厅吃晚饭，或者看午间时段放映的电影）。

很多情况下，这些"安全行为"可能会妨碍你在进行暴露练习的过程中获得正面启示。你能在人群拥挤的体育场停留，是因为你领悟到这样做并没有你所预期的那样糟糕（你以为你的消极情绪会加重），还是因为你喝了三罐啤酒？这是一个很难回答的问题，由此你也可以看出，这种应对策略将会影响你在以后的练习中获得正面启示。

在进行暴露练习之前、期间和之后，最好不要使用酒精，以及处方药物（如苯二氮䓬类药物）。但在你暂停处方药物或者调整

---

① 苯二氮䓬类药物（Benzodiazepines）临床常用的有20余种，虽然结构相似，但不同衍生物之间，抗焦虑、镇静、催眠、抗惊厥、肌肉松弛和安定作用各有侧重。——编者注
② 又名赞安诺（Xanax），具有抗焦虑、抗抑郁、镇静、催眠、抗惊厥及肌肉松弛等作用，有时也可用于缓解急性酒精戒断症状。——编者注
③ 又名安定（Valium），用于治疗焦虑症，亦能减轻短暂性情绪失调、功能性或器质性疾病和精神神经性疾病所致的焦虑或紧张状态。——编者注

剂量之前，一定要向你的医生咨询。

你可以利用一些更为巧妙的策略来让自己放松，以逐渐适应更具挑战性的暴露练习，比如让你的配偶或好朋友陪你进入暴露场景中。当然，你的治疗目标不是能在朋友的陪伴下参与这些活动，而是无论是否有人陪伴，你都能够做这些事情。如果有必要，你也可以在一位"暴露练习伙伴"的陪同下开始你的练习，只要你能不断地调整，直至独自完成练习。比如，在进行首次暴露练习的时候，你可以和你的这位"暴露练习伙伴"一起去商店购物；而在第二次练习的时候，你们一同来到这个商店，分别在不同的区域购物；第三次，你要去这家商店购物，同时，你的这位伙伴要去附近的商店购物；最终，你要能独自去这家商店并完成购物活动。如果你按照这样的顺序完成暴露练习，你会发现无论是否有人帮忙，你都能完成任务。

你曾经采取过哪些"安全行为"？在暴露练习的过程中，你应当尽量不要采取哪些行为？

_____

_____

▎规则6：暴露练习必须坚持到达成关键目标再结束

你需要在暴露场景中停留足够长的时间，以了解暴露的结果，体验消极情绪的骤减，增加体验积极情绪的机会。即你要坚持停留在场景中，直到情绪攀升至峰值然后逐渐消退为止，这一过程见图 3.4 至图 3.8。如果你不选择回避（选择回避会助长你以后回避这一场景的冲动），而是强迫自己停留在场景中探究暴露的结果，那么当你再次进入暴露场景的时候，就会更加确信自己将获得同样的（积极）结果。至于症状是否减缓——当你降低了关注，将更多的注意力放在没有坏事发生这一点上的时候，你的症状通常会在你最终获得正面启示后逐渐减轻。

这个过程可能是暴露练习中比较难的部分之一。回避和自我孤立行为控制了你的生活，并带来了你所有的消极情绪，但这一局面不是一气呵成的，而是在潜移默化中形成的。你目前的状态很可能是经年累月地使用回避策略所致，迫使你不得不寻求本书的帮助。现在，你要做的就是进入这些自己一度回避的场景，坚持身处其中，直到你验证自己预期的消极结果是否会发生。这一过程可能会持续10 分钟或 30 分钟，甚至更长的时间。你如何顺利完成这一过程呢？首先，提醒自己做这一切的必要性。回想你当初决定要作出这些改变的理由，你已经在第二周对这些理由进行了总结。还有一个方法就是一步一个脚印地慢慢来。当你感觉自己在场景中不能继续坚持时，尝试在场景中多停留一分钟，然后再多停留一分钟……每一次只多停留一分钟。最后，你会惊讶地发现，自己居然多停留了那么多分钟，也许都可以坚持下来了。你要证明自己对消极结果的预判是错误的，在此之前，如果你不得不离开这个场景，请在"暴露练习追踪工作表"中记录你这次练习的总时间，尝试下一次停留得更久一些。总之，如果你能坚持在练习中停留越来越长的时间，你就将推翻自己对消极结果的预判，你所感受到的消极情绪也会减弱，并且（很可能）会开始体验到积极情绪。

为什么你要再一次做这件事情？为什么你要克服回避行为？

_____

_____

▎规则 7：暴露练习应当在较短的时间内多次重复

暴露练习的频率越高，时间间隔越短，它们对消极结果预判的影响就越大，你的消极情绪就越容易减弱，积极情绪就越容易提升。不断重复同一个暴露练习，直到你感觉更轻松为止，这是一个不错的方法。正如我们学习任何新知识一样，这个过程也是熟能生巧的。如果你想学习滑冰、弹吉他，或者骑自行车，你练习的次数越多，技术才会越纯熟。如果你每个月只滑冰一次，或者只有当你的朋友带着吉他来找你时才会练习弹吉他（只是偶尔弹一下），你的技术会日益纯熟吗？答案是否定的。同样，你需要在"暴露练习追踪工作表"中每天安排至少一两次暴露练习。这些练习不必在同一个场景中重复（如每天去同一个商店），而应当在同类场景中多次重复（如每天去不同的商店里走走）。你完成的暴露练习越多，你停止回避、回归正常生活的步伐就越快。

▎善于利用你的练习

现在是整合的时间了。你可以用"暴露练习追踪工作表"安排之后每一周的暴露练习，并随时追踪你的进展情况。你开始可能会觉得规划一周的活动这个任务非常繁重。让我们再回到马克的故事中，从中寻找经验和启发，看看他是如何应对这一挑战的。

马克的故事（续）

你一定记得，马克曾经是一位事业有成、（看起来）婚姻美满的成功人士。然而，不断累积的财务压力，以及与妻子的频繁争吵，导致他和妻子分居并最终离婚。一开始，马克感觉沮丧和愤怒，并且越来越频繁地回避自己的工作、朋友、社会活动和家人。而这一系列行为也导致了他消极情绪的攀升。马克第一次接受治疗的时候，已经离开了之前的公司，做着一份对他要求较低、薪水也相对较低的工作，大多数时间他都自我孤立、情绪抑郁（他常常借酒浇愁）。

一旦马克了解了他的消极情绪和回避、自我孤立行为之间的相互关系，明确了自己想要改变的理由，设定了治疗目标，清楚地认识到应当如何利用暴露练习停止回避，回归正常生活，他就开始规划自己每周的暴露练习。马克结合自己的治疗目标（改善工作环境、与家人重新建立联系、花时间和朋友们在一起、培养兴趣爱好）与他在"回避场景记录工作表"中所填写的内容（申请新工作、给家人和朋友打电话、走出家门和朋友共度美好时光、参加聚会活动），列出了他计划下一周要尝试的暴露活动。

表 4.1 马克的暴露练习追踪工作表

	计划中的暴露练习	安排的日期/时间	初始症状（-100~+100）	峰值症状（-100~+100）	最终症状（-100~+100）	累计时间
1	去教堂	周日上午10点				
2	给妈妈打电话	周日下午2点				
3	不喝啤酒，去钓鱼	周日下午4点				
4	健身	周一早上7点				
5	给朋友发短信约定聚会时间	周一中午12点				
6	购买日用品	周一下午5点				
7	晨跑	周二早上7点				
8	不喝啤酒，做晚餐	周二晚上6点				
9	健身	周三早上7点				
10	与同事共进午餐	周三中午12点				

（接上表）

	计划中的暴露练习	安排的日期/时间	初始症状（-100～+100）	峰值症状（-100～+100）	最终症状（-100～+100）	累计时间
11	不喝啤酒，给爸爸打电话	周三晚上8点				
12	晨跑	周四早上7点				
13	和朋友一起外出游玩，最多喝两罐啤酒	周四晚上6点				
14	健身	周五早上7点				
15	参加保龄球联赛，最多喝两罐啤酒	周五晚上6点				
16	晨跑	周六早上7点				
17	提交五份工作申请	周六中午11点				
18	不喝啤酒，去沙滩散步	周六晚上7点				

我们可以看到，马克计划了很多活动。事实上，他的治疗方案的目标是安排每天两到三项暴露活动。这些活动有的很简单（如给朋友发短信、给父亲/母亲打电话）；有的则比较耗时间（如钓鱼、参加保龄球联赛、完成工作申请等）。尽管马克计划了 18 项暴露练习，但他并不指望自己能 100% 地完成这些练习。在做暴露练习之前，除了工作、在家看电视、喝啤酒之外，马克几乎不参与其他活动。就他目前的境况而言，完成任何活动对他来说都是进步。并且，他计划了 18 项活动，和只计划几项活动相比，他很可能会完成得更多一些。换句话说，完成 18 项活动中的 50%，远比完成 3 项活动中的 50% 的效果要好得多。

克服常见的抗拒形式

在计划阶段，你的消极情绪很可能会使你拖延实施计划，或者使你仅选择自己会去做的活动。这是一种常见的犹豫心理——甚至是诱使你继续回避的陷阱。许下更少的承诺虽然意味着有更少"失败"的可能性，但同时也意味着具备更少成功的保障。你可能听说过冰球界的传奇人物韦恩·格雷茨基（Wayne Gretzky）的一句名言：如果你不出手，你将错失 100% 的进球机会。同样，如果你不尝试进行暴露练习，你的消极情绪就永远不会改善。我需要再强调一遍：在现阶段，只要你不断尝试，就不会失败。

另一个常见的困难出现在活动的安排上。在这种情况下，你选择了几个暴露活动，却不为它们作出任何的时间安排，而是偶尔才去尝试练习（如果你真有空的话）。这一次，你的消极情绪似乎又在为你辩护了。如果是这样，你会日复一日不断推迟做练习的时间,直到你发现,几个星期过去了,而你还没有尝试过任何活动。这样对你来说会有效果吗?

当谈到安排活动的时候,我喜欢使用下面的例子。假设此时你正和一群人玩21点纸牌游戏。这个游戏的规则是这样的:庄家会给每个人至少发两张牌,也会给自己发牌;无论下了什么赌注,在事先不看牌的情况下,牌的总点数只要最接近且不超过21,就算获胜,并将赢得所有的赌注。听起来很简单,是吧?下面这个例子甚至比这个游戏还简单。现在庄家坐下了,请你从两副牌中选一副牌。

第一副牌:庄家反复洗牌,所有玩家随机抽牌,游戏开始。这是一种标准的发牌方式,最后,无论谁胜出,都很公平。

第二副牌:庄家允许你按照任何你喜欢的顺序排列每一张牌,之后也不再洗牌。这副牌将一直保持你最初设定好的顺序。

你会选择哪一副牌?为什么?

如果我是玩家,我一定会选择第二副牌,让牌按自己喜欢的方式排列(安排暴露活动的顺序),这将大大提升你赢牌(按计划实施暴露练习)的概率。但如果选择第一副牌,则意味着你接受了这些牌的随机排列顺序(未安排暴露活动的顺序),那你最后极有可能输掉家底(回避行为不断获胜)。

马克的故事（续）

我们再来看看马克的故事。在他计划的所有暴露活动中，他最后完成了大约 50%。晨跑对他来说难度比较大（计划了 7 次，只完成了 2 次），而在和老朋友们晚上聚会的时候，他喝了太多的啤酒。但与此同时，马克在和家人、朋友重新建立联系方面取得了重大进展，并且重新拾起了已经丢下很长时间的业余爱好。他还申请了一份更好的工作。最重要的是，通过参与预先安排好的暴露练习，他的消极情绪得到了减缓，并体验了更多的积极情绪。他认识到，如果没有提前安排具体的时间，他一定会推迟给父母打电话；如果他没有刻意设置好早起的闹铃，他根本不可能出去锻炼；另外，如果他没有提前计划在周一下午给朋友发短信约定郊游事宜，就不可能在第二天晚上见到这些朋友。重要的是：你计划的暴露练习项目越多，付诸实施的活动可能就会越多，你的感觉就会越好。

安排暴露练习

现在轮到你来做计划了。根据暴露规则，再参考马克的例子，你需要计划一周的几组暴露练习。这些练习应当有一定难度，并要有一定的频率，你还要为它们安排具体的日期和时间。为了防止原计划受到干扰，你还要制定可能的备选方案。如果你有任何类似于马克用喝啤酒缓解压力的"安全行为"问题，请在那些有风险的暴露练习中注明你将如何克制自己采取"安全行为"的冲动（比如，规定以两罐啤酒为上限，并且要坚持执行——不要像马克那样破坏这个规则）。你填写的"回避场景记录工作表"和"治疗目标清单"，可以作为你选择暴露活动和优先改善领域的重要参考。

你已经做好了暴露练习计划，现在可以付诸实施了。你可能会发现，复印一份"暴露练习追踪工作表"，并将它放在显眼的地方，会对你有所帮助。事实上，我推荐你多复印几份"暴露练习追踪工作表"，分别将它们贴在冰箱、电视和浴室里的镜子上，还可以放在你的闹钟旁边，贴在你的汽车仪表盘上。另一个不错的选择是，把所有暴露练习都设置在手机的日历应用程序中，并且设置好闹铃和提醒。这样一来，无论消极情绪如何引诱你，你都不会忘记做这些练习。要记住，你将成为这个故事里的英雄，你现在有了自己的使命，也有了成为英雄的动机，还拥有了得心应手的工具。时不我待，你必须勇往直前，彻底改变自己的生活。本周可能会成为你人生的重要转折点。

小结

在这一周中，你回顾了回避行为的模型，学习了如何通过暴露疗法停止回避和自我孤立行为。同时，你还回顾了首次暴露练习，并且学习了如何最大程度地通过暴露活动来挑战自己的消极情绪。每一周的每一天，你都要谨记这些规则：选择对你来说有挑战性的暴露活动，并且不断练习；在每次暴露活动中停留足够长的时间，以获得真正的结果（通常你会体验到消极情绪的减退）。要注意以上描述是否与你的经历相符，或者有什么其他事情发生。你为下一周（及数周）选择了第一组暴露练习，并为它们安排了具体日期和时间。与此同时，你已经在义无反顾地向回避和自我孤立行为，以及相关的消极情绪发起挑战了。

下一周我们将会继续讨论暴露活动，会聚焦你在本章尝试过的暴露练习，并对练习进行分类——分为你能顺利完成的练习和对你来说仍然有难度的练习——以此来巩固已有成果，改进尚未成功的练习。然后，你将为自己安排另一组练习，进一步向"停止回避，回归正常生活"这一目标前进。

第五周

巩固成果,
排除干扰

WEEK 5

你已经完成了前四周的学习，要进入真正开始显现疗效的阶段了。你已经学习了如何利用暴露练习终止回避和自我孤立循环，以及改善相关情绪的基本知识。你完成了从追踪回避行为，到为尝试首次暴露练习设定治疗目标的一系列工作，目前已经到了尝试第一组暴露练习的阶段。尽管对于"停止回避，回归正常生活"这一治疗目标而言，我们还要进行几周的学习，但本周将重点关注如何改进你的暴露练习，而不会介绍新的技术或其他方法。暴露疗法在改善症状方面非常有效——但前提是你要坚持到底，偶尔尝试一次是远远不够的。你很可能已经断断续续这样做很长时间了。关键是不能间断，要反复练习。

在本周及之后的几周中，你都将致力于改进你的暴露练习方法。因为正如我之前强调的那样，关键是要不断重复练习，养成习惯。这几周的内容有一个相似的模式。

1. 评估你的症状和你在治疗目标上的进展。
2. 回顾你的暴露练习，巩固成果，拓展成效，解决你在挑战中遇到的问题。
3. 通过回顾改进暴露练习的方法。

4. 结合改进后的方法安排每周的暴露练习任务。

这一模式是特意设定的，它将成为你的新习惯。我们回顾一下锻炼的例子。当锻炼成为日常习惯的时候，你的收获最大。一开始，你需要强迫自己去健身房，并且要尽可能长时间地留在里面，直到你能够顺利完成锻炼任务为止。随着时间的推移，你去健身房完成锻炼任务就变得越来越容易了。如果你一直坚持下去，并且没有遇到任何意料之外的障碍（如生病或者受伤），锻炼就会成为你日常习惯中的一部分，与早上起床、洗澡和准备工作等没有任何区别。事实上，它会不知不觉地渗入你生活中的其他领域，比如选择更积极的业余爱好（假期去徒步旅行），或是选择更健康的晚餐（选择吃烤鸡三明治，而不是吃双层培根奶酪汉堡包）。

这一模式还可以应用到你的暴露练习中。坦白说，这才是我最终的目的。现在，你很可能在强迫自己坚持完成暴露练习。万事开头难，刚开始，回避行为这个恶棍会一直在你的脑海里大喊大叫，总想让你晚一点再做这些练习（直到"晚一点做"变成了"永远不做"）。但是，如果你继续敦促自己，你就会更轻松地开始和完成暴露练习。并且，如果你坚持下去，暴露练习就会变成你新的日常习惯。不知不觉中，你的回避和自我孤立行为也会越来越少，并且你会变得更加主动。你会只选择与积极情绪相关的活动，因为你已经跨越了消极情绪的障碍。这就是我们的治疗方案。现在你已经掌握了驾驭船只的要领，并准备好扬帆起航了。让我们继续前行吧。

在开始克服自己的回避行为之际，你期待重新开始做什么事情？就你的治疗目标和治疗动机而言，什么样的活动能让你更接近你所憧憬的生活？

_____

_____

_____

请把你期待重新开始做的事情记录下来，确保在本周结束后选择下一组暴露练习的时候加上它们。你的暴露练习应当既实用又有利于建立自尊心（如在日用品商店里购物），同时要让人心情愉悦，并要有利于改善情绪（比如和老朋友小聚）。不要让回避成为你的羁绊。

▍调整场景以锚定目标、迎接前方的旅程

请再次用手册中的"症状自查表"（见手册第7页）给自己打分，同时在"症状追踪表"（见手册第32页）中填写你的分数和今天的日期。这将是你的第三次打分。一段时间之后，你将会填满"症状追踪表"，我希望你能从分数的变化注意到症状的显著变化，以及自己在"停止回避，回归正常生活"这一治疗目标方面的进展。

你完成得怎么样？这一次的分数与之前的分数相比有什么变化吗？对于几个可能的结果，我们应当在这里讨论一下。

○ 没有发生变化或症状加重　　　　○ 症状有所改善

没有发生变化或症状加重：如果这种情况发生在你身上，请不要气馁。你才刚刚开始做暴露练习，在治疗的这个阶段，我们不必期待症状有所改善。我们可以再用锻炼的例子来进行比较。当你刚开始去健身房的时候，你会指望身体的健康状况马上就有重大改善吗？如果你多年没有跑步，重新拾起后，你认为第一次就能快速跑完 1.6 公里吗？当然不会。如果说一开始的锻炼真的有什么"效果"的话，那通常是一种比锻炼前更糟糕的感觉。你可能会感觉到肌肉酸痛紧张，可能还有一点疼痛，但是你知道这些现象也预示着持续锻炼会让你之后的感觉更好。暴露练习也是同样的道理。练习刚开始时（也就是现在），你的沮丧、易怒、悲伤、焦虑等消极情绪可能会不断恶化，你的回避行为会更频繁地出现。正如我在第四周的暴露规则中所解释的那样，如果你做暴露练习的方式得当，就会在练习期间感觉不适。并且，在初始阶段，随着暴露练习的逐渐增多，你会体验到越来越多的消极情绪。尽管这可能会让人感觉沮丧，但这是治疗的必经之路。我强烈建议你保持耐心。坚信你的不懈努力一定会有回报，改变终将会到来。你只需要坚持。

症状有所改善：尽管你正在积蓄改变的力量，但也不必期待在这个治疗阶段症状会得到改善。如果症状真的改善了，当然是值得庆贺的事情。请记住，你已经尝试了第一组暴露练习，初战告捷可能会让你感觉良好（成功的暴露练习减轻了你的消极情绪，并为以后的成功增强了信心、增添了希望，而暴露练习本身也提升了你的积极情绪）。如果这种情况发生在你身上，那真是一个让人欢欣鼓舞的好消息。虽然我不能保证未来的所有练习都会达到同样的效果，也不能保证这一过程中你不再会遇到挫折，但症状在早期有所改善是你即将迎来改变的一个好兆头。请继续阅读本书，通过规划和完成你的暴露练习向你的目标继续挺进。你应该会持续体验到你的症状在随着我们的学习进度改善，并且越来越接近你的治疗目标。

无论症状是否有所改善，无论改善或没有改善的原因是什么，你能够坚持不懈地推进治疗方案，我都感到由衷的欣慰。同时我也希望你为自己的努力感到骄傲。和学习任何新事物一样，你的付出会得到相应的回报。只要继续努力，你一定会看到与治疗目标相关的持续性改善，你距离"停止回避，回归正常生活"的治疗目标也会越来越近。

▌回顾上一周的暴露练习

在上一周，你给自己分配了一组暴露活动，并为它们安排了具体的日期和时间；你根据暴露练习指南选择了可能会引发消极情绪的活动；你在暴露场景中停留了尽可能长的时间，以求总结经验，你很可能已经注意到，在此期间，你的消极情绪得到了缓解，而积极情绪得到了提升；你还不止一次地选择了类似或者相同的活动，让自己有机会将在某个场景中的所得应用到其他场景中；与此同时，你竭力地控制自己，不去借助可能出现的"安全行为"（如亲友的陪伴或饮酒）来完成暴露练习。

事情进展得如何？

请描述你的大致经历，把最重要的几点写在下面。

_____

_____

_____

请回想一下你最初的希望和预期中的目标，事情的发展和你计划中的一致吗？

_____

_____

_____

坦白说，我不认为暴露练习的进展会和你预想的一样顺利。不要忘记，你正在尝试改变回避和自我孤立模式，这个模式并不是一夜之间形成的，而是受到了一系列负面生活事件、压力源及创伤的影响，在消极情绪、回避和自我孤立行为的相互作用下，日积月累发展而成的。由于年深日久，这种模式已经达到了极具杀伤力的程度，以至于每一次体验到消极情绪的时候，你都会不由自主地使用回避和自我孤立策略。这种策略确实让你的消极情绪得到了短期的缓解，但同时你也不得不面对它带来的种种长期问题。因此，改变这一模式是任重道远的，需要克服重重阻力。无论如何，你至少已经朝着"停止回避，回归正常生活"的目标又前进了一大步。

让我们再进一步分析一下你的暴露练习。当人们刚开始做练习的时候，通常会有几种结果，下文详细介绍了最有可能出现的几种。我猜你的经历符合其中的一种或者几种。回顾你上一周的"暴露练习追踪工作表"，将你的练习经历按照这几种类型逐一归类。通过研究你的练习技巧和练习经历，你可以更好地了解并解决每一次尝试中遇到的问题，然后请你在这一周结束时填写的"暴露练习追踪工作表"中选择下一组练习。虽然仅仅在治疗一周后就能克服回避行为的情况非常罕见，但是假以时日，在不断地练习和解决问题的过程中，你会取得一次又一次的胜利，直到你在几年后达到自己的治疗目标。那时候，回避行为将不会再对你造成任何困扰。

可能的结果1：你尝试了一些暴露练习，却没有体验到消极情绪。

请写下你轻松完成的那些暴露练习。

_____

_____

_____

是的，即使在进行练习的早期阶段，尝试一些暴露练习后却没有体验到任何消极情绪的恶化（或者积极情绪的提升），也是有可能的。原因很可能是你给自己制定的练习标准过低。这就如同你在健身房只举了2.26千克重的哑铃，或者只做了几次简单的重复性训练，而事实上你的身体完全可以承受更多、更高强度的训练。在暴露练习中有时也会出现类似的情况。事实上，当你练习的频率不断增加,并且感觉越来越好(越来越强壮)的时候,就会出现这种情况。但遗憾的是,在现阶段的治疗中,距离你感觉到"全面的好转"为时尚早。因此你需要给自己增加一些压力,选择更具挑战性的暴露活动。

还有一种可能:你采用了"安全行为"。我们在上一周曾经讨论过"安全行为",比如有家人或者朋友的陪伴,有酒精依赖等行为。这些都是你过去可能用来应付这些挑战性场景的策略,因为它们能帮你控制消极情绪。但是,在你使用它们的同时,它们也助长了你的回避和自我孤立冲动(我不喝三罐啤酒就无法出门见我的家人)。请认真回想一下那些你尝试过的、没有让你产生消极情绪的暴露练习;你能在其中发现"安全行为"(即你要依赖它才能完成你的暴露练习)的存在吗?

我采用的"安全行为"包括 _____

_____

如果你发现采用了任何一种"安全行为",都请尝试在未来的练习中摒弃它们。比如,你只有在配偶的陪伴下才能完成购物暴露练习(并且对此感觉良好),那你就需要在接下来的"暴露练习追踪工作表"中安排几次独自购物的暴露练习。

▎**可能的结果 2:你尝试了一些暴露练习,但收效甚微。**

你强迫自己坚持练习,但练习结束时,你却感觉和练习前没有太大的差别。这样的暴露练习有哪些？

_____

_____

_____

_____

这是一个好的开始。你完成了一项暴露练习，体验到了初始的消极情绪（峰值），但是，在预期的消极结果方面你没有获得任何重要的启示，也没有感觉到任何改善（消极情绪没有消退）；你尝试着克服回避行为，并且做到了，但是你不确定是不是每次都行得通。这些是早期暴露练习中的常见反应，也很正常。事实上，目前出现这种情形是有益无害的。最重要的是，你尝试了暴露练习，并且能够在相应的场景中停留。如果你坚持挑战自己对消极结果的预判，我保证你会体验到积极的改变，你的消极情绪会减退，回避和自我孤立的冲动也会随之消失。

请思考这次暴露练习：你认为是什么阻碍了你获得更大的改变？

_____

_____

_____

_____

出现这种情况，有几种可能的解释。首先，如果对消极结果没有明确的预期，甚至根本没有预期，你的消极情绪可能就不会减退。就预期的消极结果而言，尽管我们在前面几周没有花费太多时间探讨这个问题，但它也是非常重要的，对消极结果预期的不确定可能导致你无法挑战自身的回避和自我孤立行为（即保护了你的消极情绪）。同时，了解自己对消极结果的预期是你克服这些消极结果（改善你的消极情绪）的关键。每个人对消极结果的预期各不相同，所以了解自己对消极结果的预期是很重要的。回想一下第三周中的例子，汤米和一只猫长时间相处时，总担心那只猫会伤害他。一旦他在与猫共处这一场景中停留，而不是看到猫就回避或者逃跑，汤米就会发现，那只猫对他完全没有兴趣，事实上也不会伤害他。这些经验使得重复暴露练习对汤米来说变得更加容易，直到他不再害怕那只猫为止。

为了体验到积极的改变，你在暴露活动中停留了足够长的时间，你预期可能会出现某些消极的结果。下面是一些与此相关的问题，请圈出你的答案。

你担心这样做会让自己感到尴尬吗？
○ 是　　　　○ 否

你会因为你可能生气，可能和某人发生冲突，或者可能和某人打架而感到紧张吗？
○ 是　　　　○ 否

你担心自己会受到攻击，或者可能会发生随机的暴力事件吗？
○ 是　　　　○ 否

你担心自己会难以承受，从而导致情绪失控吗？

○ 是　　　　　○ 否

你担心自己会由于过度焦虑导致惊恐发作，继而引发心脏病发作或者中风甚至死亡吗？（记住：惊恐发作不会导致你患上这些身体疾病！）

○ 是　　　　　○ 否

你会因为不喜欢暴露练习而感到懊恼吗？

○ 是　　　　　○ 否

你认为自己一定会失败吗？

○ 是　　　　　○ 否

如果你的答案中有一个"是"，你就需要花一点时间来思考一下自己的消极预期结果。在你正规划和尝试的各种暴露练习中，消极结果预期是否相同？你还注意到了哪些其他的模式？

_____

_____

_____

_____

以上任何一种消极结果预期对你而言都是可能出现的。了解自己的消极结果预期是验证其可能性的前提。更具体地说，你需要牢记自己的消极结果预期，并且在暴露练习中进行验证，看看它是否在虚张声势。你需要在场景中停留足够长的时间，以确认自己会感到尴尬、受到伤害、情绪失控，还是最终会开始享受这一经历。尽管这些事情的发生与否没有一定的时间范围，但如果一次又一次的暴露活动都不会引发你预期的消极结果，你就会断定自己的预期根本不会发生；或者，和担心被猫伤害的汤米一样，你会发现，即使你所担心的事情发生了，也没有预期的那样严重。还有一种可能的解释：你选择的暴露活动难度过大，因此你目前无法从中获得正面启示，也未能体验到消极情绪的减退。让我们再回到锻炼身体的类比上来，以此解释这个过程。如果在跑步过程中，你强迫自己跑得更远、更快，你会体验到更小的压力吗？如果你往常每天只跑 1.6 公里，但今天却强迫自己跑 3.2 公里，那么跑完 2.4 公里或者 3 公里时，你会感觉更轻松吗？当然不会了。在暴露练习中，你强迫自己在通常会回避（或者会很快从中逃离）的场景中停留。但选择了停留，就会造成消极情绪的不断增长，并使你感到不适。很可能你初始的消极情绪非常强烈，没有减缓到一定的程度（或者减缓的速度比较慢），因而在练习结束的时候你察觉不到这种减缓。只要暴露练习还没有结束，即使你的消极情绪在不断恶化，你也不会有事。如果你在消极情绪高原期，或者稳定下来之前就离开了，下文中也有关于过早离开暴露场景的说明。

你已经离开了暴露场景，请回想一下当时的经历，并回答下面的问题。

你的经历和预想中的一样糟糕吗？

_____

_____

你所预期的消极结果真的产生了吗？

_____

_____

如果消极结果产生了，其和你预想的一样严重吗？

_____

_____

你想过自己能在那个场景中停留那么长的时间吗？

_____

_____

这一类问题需要在尝试暴露练习之后回答。即使你在进行暴露活动期间并没有意识到自己在学习，这些问题也能帮助你提炼你所领悟到的知识。如果你已经意识到了，这种学习将会提升你在下一次暴露练习中的信心，让你体验到更少的消极情绪。你将看到，回避行为包裹在你身上的铁甲已经开始出现裂缝。请回顾图 3.4 至图 3.8，即使在首次暴露练习中你的消极情绪没有变化，它们也会稳定在高原期，不再恶化，这样你就可以从中获得正面启示。并且，这种正面启示将会让你在未来的暴露练习中感觉更轻松，体验到更少的回避冲动，直至消极情绪最终减少。

可能的结果 3：你尝试了一些暴露练习，而且收获很大。

在哪些暴露练习中，你能迫使自己坚持下来，从始至终地对抗消极情绪，并最终印证了结果并没有你预想的那样糟糕？

___

___

___

___

这显然是一个了不起的进步。你完成了暴露练习，体验了最初的消极情绪（峰值），然后发现自己预期的消极结果并没有发生，你感觉更好了（消极情绪消退），或者至少没有恶化（高原期）。我们在图 3.4 至图 3.8 中也可以看到这些结果，即图 3.5（消退期）和图 3.6（高原期）。除了说"你做得非常好"之外，我们不需要再对这一结果作出其他的讨论。你会认为原因只是你运气好吗（今天诸事顺利）？还是因为今天暴露练习的场景不像平时那样人头攒动？当然，你的消极情绪可能会找各种借口来弱化你的成功（"你只不过是幸运而已"）。但这些都不重要。重要的是你规划并完成了一次具有挑战性的暴露练习，同时你还从中有所斩获。你进入了场景，坚持进行练习，克服了不适，最终取得了胜利。

你从中领悟到了什么？请写下你得到的所有启示。

___

___

我希望你领悟到：暴露练习并没有预想的那样困难。你可能会认为，即使再尝试一次，结果也不过如此，甚至会越来越轻松，这是我们接下来要做的工作。你应该坚持做下去的恰恰是这一类的暴露练习——有一定的难度，但是你可以承受并能从中获得正面启示。确保安排时间重复此类练习，以巩固你已经取得的成果，将你记录的那些你从前回避的场景逐一清零。我要重申，你干得不错！干得很好！干得漂亮！你已经走上正轨了，坚持下去，这一治疗方案将会成功引领你停止回避，回归正常生活。

可能的结果 4：你尝试了多组暴露练习，每组练习尝试了不止一次，你感觉受益匪浅。

有没有哪组暴露练习是你决定要一直反复做的？这些练习是什么？

_____

_____

为什么你认为自己能够多次进行这些练习？

_____

_____

这个结果比前面的两个结果都要理想。你完成了一次暴露练习，并在其中停留了足够长的时间以体验消极情绪（峰值）；你发现自己预期的消极结果并没有发生；你经历了消极情绪的减弱（消退）过程；同时，我希望你已经注意到，在这期间你自己的积极情绪也在随之不断提升；此外，你能够在不止一个场景中完成这种模式，我们可以在图 3.4 至图 3.8 中发现这种模式，即图 3.7 和图 3.8。这就是这些暴露练习要实现的总体目标。你能坚持到这一步让我非常钦佩。同时，我知道你还需要坚持一段时间，才能达到你的治疗目的。你可能已经从"回避场景记录工作表"中划掉或删除了这项暴露练习。如果你在这项暴露练习上还有上升空间，现在请用一个更难的版本取而代之，比如，去更繁华的商场、走更远的路、参加更大规模的社交聚会。治疗还远没有结束，但很可能你的世界已经逐渐变得晴朗了。

如果这种情况发生在你身上，你就需要继续安排和尝试难度再大一点的暴露练习。请列出几种稍稍提升挑战难度的方法，以供你下周使用。

_____

_____

_____

如果完成这些暴露练习，你就可以达成某个治疗目标，也可以将这个目标从你的目标清单中划去，然后为下一个目标准备下一组暴露练习。当然，我非常高兴看到你取得了这一成就，我衷心地祝贺你，非常好！真棒！你太厉害了！但是，获得这一成就的最佳奖励不应该是来自我的祝贺，而是这次成功带给你的内在感受，是你在完成本次暴露练习的过程中的收获，以及来自你的家人、朋友、同事或者邻居的认同，他们见证了你为这一改变所付出的艰辛努力。你正在成为自己故事中的英雄。

> 可能的结果 5：你尝试了一些暴露练习，却一无所获。

在进行练习时，你因为不适感越来越强而过早离开了暴露场景，这样的情况发生过吗？如果有，是什么时候发生的？

_____

_____

_____

_____

在治疗的这一阶段，出现这种情况是完全没有问题的，也是可以理解的。这是本阶段最常见的结果之一。你安排了暴露练习，并进入了场景，希望获得最好的结果。但是，你就是无法在这个场景中停留足够长的时间，于是，除了之前的感受——"这太糟糕了"之外，你没有任何新的收获。这种反应和你刚开始这一治疗的时候别无二致。也就是说，在学习了本书前四周的内容之后，你的感觉依然没有任何变化。

虽然如此，你也不要气馁。没有人承诺治疗之旅会一帆风顺——至少我没有这样说过。

出现这样的结果，有一则好消息，也有一则坏消息。

我们先来看看坏消息吧。如果你在验证消极结果之前就离开了暴露场景，虽然会享受暂时的轻松，但也强化了回避和自我孤立的冲动。当你离开的时候，你的感觉会更好，而这是回避行为从始至终都惯用的把戏。你要谨记：本治疗方案就是要帮助你终止长期的消极情绪，回归正常生活，你一定会成功！你只需要不断督促自己就行了。

　　下一次练习的时候，尝试合并使用我们在第四周提到的"再坚持一分钟"策略，或者为暴露练习的总体停留时间设定一个限制。如果你首次练习时的停留时间为 20 分钟，并且成功了，那就将下一次练习的停留时间设定为 30 分钟。如果这个时间仍然不够长，不能验证预期的消极结果会不会发生，那就将第三次的停留时间设定为 40 分钟。随着离场时间的不断后延，你离消极情绪的高原期就会越来越近，直至完成验证，即发现你所预期的消极结果不会发生（或者并没有你所预想的那样严重）。最后，你的回避行为就会离你而去，并且开始回避你。

　　所以，坏消息也不是太糟糕。现在让我们再来看看好消息吧。好消息是你选择了尝试暴露练习，而非回避。尽管结果并不尽如人意，但做这项暴露练习不是因为你不得不做，或者有人强迫你去做（至少你不应该因为这两个原因而做练习，第四周的暴露规则中有关于这一点的详尽描述）。换言之，你做这项练习是因为你已经准备好克服回避和自我孤立行为，以及相关的消极情绪，你认为现在是反击的时候了。从这一点上讲，这是一个非常好的消息。

你目前的境况已经持续多久了？（几天？几周？几个月？几年？）

_____

_____

对于你在这次暴露练习中挑战的场景，你已经回避多久了？（几天？几周？几个月？几年？）

_____

在忍受了这么长时间之后，你决定反击，这是一件值得骄傲的事情，即使你没有感觉到任何收获，这也是你迈出的一大步。尽管如此，这样还是不够的。你必须勇往直前，坚持自己的信念，循序渐进（在场景中停留更长的时间），直到验证最终的结果为止（看看你预期的消极结果是否会发生）。这样，在"停止回避，回归正常生活"的治疗之旅中，你也能做好准备，将这些所得应用于更多的练习场景当中。

| 可能的结果 6：你的暴露练习避重就轻。

有什么事情是你绝对要回避的吗？由于情感上的抗拒，你避开了哪些暴露练习？

_____

_____

如果上述情况确实发生了,我希望它仅仅涉及了少数你所规划的暴露练习。如果是这样的话,出现这种情况也完全是在情理之中的。换言之,你刻意安排了一些暴露活动,并且知道自己不会100%地完成它们。马克的例子告诉我们,尽管他只完成了计划的50%,但在挑战回避和自我孤立行为,以及与之相关的消极情绪方面,他仍然取得了显著成果。另外,如果你能够完成其他一些暴露练习,并得到了前文中的其他结果,这也是没有问题的。这些未能完成的练习是你进行自我改变的驱动力。但是我们仍然需要弄清楚为什么你感觉自己无法完成这些练习,从而对你未来的暴露练习进行相应的调整。

尽管阻碍一部分暴露练习顺利进行的原因可能是多种多样的(如天气、计划冲突、汽车故障、生病等),但有一个理由值得我们另作探讨。

你回避这项暴露练习是因为感觉它太难了吗?
○ 是　　　　○ 否

如果你的答案为"是",那你就需要知道,这是治疗早期的常见反应。你还没有从成功的暴露练习中受益,还没有体会到练习带给你的自信,这些都需要时间。在你从练习中获得正面启示之前,我的最佳建议是,坚持为自己制定暴露练习计划,并不断付诸实施。当然,你也可以降低暴露活动的难度,或更换暴露场景的类型,但我认为这样做对你而言为时过早。现在你应该尽可能地尝试所有活动;不要被回避行为的伎俩所迷惑,打破它在这些场景周围构筑的壁垒;不要为某些活动贴上"太难"的标签,从而使这些壁垒变得更加牢固。如果在你学习接下来一两周的内容之后，仍然无法进入某一两个特定的暴露场景，我们再来解决这个问题。现在，你只需要不断督促自己，并尽力而为。

可能的结果 7：你没有完成任何暴露练习。

我真心地希望你不必阅读本节的内容。从另一个角度说，尽管你经历了很多挫折，甚至可能感觉有点绝望，但你仍然在坚持阅读本书，这一点难能可贵。到现在你还没有放弃，这一点值得你引以为傲。

你没有完成任何暴露练习，可能有如下原因：

- 你选择的所有暴露活动都是高难度的
- 你不确定这种治疗方案会对你有效果
- 你就是单纯地不想做暴露练习

无论是什么原因，我的回答都是相同的：恶棍（回避行为）还是占据了上风。但这不是不能改变的。你不必一直采取回避策略，不必觉得害怕，不必因为消极情绪而感觉不知所措。但是我在这里不会罗列出一大堆理由，让你重整旗鼓，拿起利剑（暴露疗法），开始作出重要改变。我认为你现在最好回顾以下内容：

- 你在第二周所阐述的、想作出这一改变的原因；
- 图 3.4 至图 3.8；
- 第四周中的"暴露规则"。

完成对以上内容的回顾之后，请再给自己一个补救的机会，重新尝试进行你在第四周规划好的"暴露练习追踪工作表"中的暴露练习。也就是说，你要在下周日的时候，做原计划于上周日完成的练习，在下周一做原计划于上周一完成的练习，以此类推。如果你还在坚持阅读本书，如果你还没有放弃，那么，请努力吧！勇敢地向回避和自我孤立行为发起挑战！

安排下一组暴露练习

对于暴露练习，你有了两周的经验。现在，在这场对抗回避行为的战争中，你可以开始计划下一组暴露练习了。理想状态下，你所尝试的一部分暴露练习进展得很顺利，并且你获得了新的正面启示。而另外一部分暴露练习则进展得不那么顺利。无论如何，每一次练习之后你都汲取了经验，制定了新的对策，增加了未来成功的可能性。通过不断学习，你在挑战回避行为方面逐渐驾轻就熟。

你可能会发现，快速查看"回避场景记录工作表"、治疗目标和暴露规则对你很有帮助；同时，你需要回顾"暴露练习追踪工作表"中所记录的进步，以此为指导，帮助你选择在何处提升难度、重复练习，以获得更多的正面启示。此外，你要回顾第四周中的所有案例，并要确保自己安排了大量的暴露练习，还要确定具体的日期和时间，以此提高你不断进步的概率。

请使用手册中的"暴露练习追踪工作表"（见手册第 16 页）安排你的下一组暴露练习。

现在你已经制定好了暴露练习计划，接下来就是要确保你始终记得自己所计划的内容。你可以将这个计划打印多份，贴在家里、公司和你的车里。你也可以向你的朋友、家人炫耀（或者吐槽）你计划好的活动；事实上，你还可以和朋友、家人一起拟定计划，这样你会觉得自己更有义务尝试这些暴露活动（前提是你不能把他们的参与当作"安全行为"）。你还可以在手机上为暴露练习设置闹钟和提醒。这样一来，你就不会忘记这些练习了，并且在使用暴露疗法挑战回避行为和消极情绪方面又前进了一步。你会做自己故事里的英雄，对恶棍们（回避和自我孤立行为）穷追不舍，直至赢得胜利（克服消极情绪），然后为你的胜利雀跃欢呼（体验积极情绪）。你已经开局得胜，还要再接再厉，进一步向你的治疗目标靠近。

小结

　　本周的所有内容都和你的暴露练习相关。事实上，后面几乎所有的内容都将探讨你的暴露练习。一言蔽之，这些练习对于改善你的症状和达成你的治疗目标至关重要。在完成对你的症状的评估之后，我们将你的暴露练习进行了分类，以巩固成果，并应对后续的挑战。未来的每一周我们都将重复这一过程，直到你将"回避场景记录工作表"中所有的回避行为都抛之脑后，将你所有的治疗目标一一实现。这一愿景看起来似乎任重道远，但我相信它一定可以达成。你已经拥有了强大的武器，也懂得了如何高效地利用它。现在，你只需要更多的时间（以及大量的练习）就能达成目标。

　　在下一周，我将介绍一种新的分类方法，将你的暴露练习分为场景、身体／内在感觉、思维／想象，以及积极情绪四种类别。这种新的分类方法将会为你揭示生活中更多的回避行为和潜在的可改善领域，让你大开眼界。幸运的是，暴露疗法对这些领域同样有效，只是需要稍作调整而已。不要担心，我们会帮助你达成或者超越你的每一个治疗目标，帮助你停止回避，回归正常生活。

第六周

克服四种
回避行为

WEEK 6

你已经完成了旨在挑战回避和自我孤立行为的前五周学习。即使到目前为止你还没有感觉到任何改变，治疗成效也应该很快就能显现了。本周我们将遵循此前的模式，先评估你的症状和治疗进展，回顾你的暴露练习（参考上一周对暴露练习结果的分类）。然后我们将会引入新的内容，通过对回避行为的深入剖析，帮助你改进暴露练习的方法。更具体地说，我们会把你的回避模式分为四种：场景回避、身体回避、思维回避和积极情绪回避——你将学习如何区分它们。

好消息是，目前你已经取得了很大的进步，可以开始下一阶段的治疗了。现在你需要详细列出引发每一种消极情绪的特定回避行为，然后使用稍作调整后的暴露疗法对每一种回避行为进行有针对性的治疗。让我们继续加油吧。

温故知新，深度剖析

现在你需要再次用"症状自查表"（见手册第 7 页）为自己打分，然后在"症状追踪表"（见手册第 32 页）中填入分数以及今天的日期。这是你第四次给自己打分。理想情况下，你应该能从分数上看到变化或者某种变化趋势。

你完成得怎么样？这一次的分数与之前的分数相比有变化吗？回顾你几周前的表格，你能看到分数的变化在逐渐形成一种模式吗？有几种可能的结果值得我们讨论。请从下面几种描述中，找出能够最大程度地体现你分数变化的模式：

- 从始至终都没有变化或症状加重
- 起伏不定
- 症状有持续的改善

模式1：从始至终都没有变化或症状加重

目前我们已进展到了第六周，最近的几周我们都在探讨暴露练习的相关内容。到现阶段你的症状仍然没有任何改变，虽然让人感觉有点意外，但这也不应该成为你放弃的理由。没有变化的原因一方面和暴露练习是否合适相关——很可能它们还不足以使你的症状有显著的改善。还记得我们讨论过的那个锻炼身体的类比吗？你需要一连数周持续不断地在健身房锻炼，才能看到自己在身体健康、力量和耐力等方面的提升。而我们每个人对练习的反应各不相同，这取决于我们每个人的初始状况和体质。暴露疗法同样如此，你可能需要尝试进行数周的暴露练习，才能影响自己长期形成的回避行为和消极情绪模式。另一个可能性是，你所参与的暴露练习，其频率与程度还不足以形成改变。正如"暴露规则"中所说，暴露练习必须多次重复，在暴露场景中要停留足够长的时间，才能从体验中获得启示。如果你每周只尝试有限的几次练习，或者每次练习只停留短短几分钟，那么目前这些练习可能还不足以形成改变。同样，有时候患者只是把暴露练习当成日常琐事来完成，而没有把它当作一种针对回避行为的独立练习。比如，有人可能去了商店（是因为他每周必须去购物，而不是专门为了做暴露练习），并且在那里只停留了常规购物所需要的时间（而不是停留足够长的时间以获得新的启示）。这种做法和你阅读本书之前的行事方式别无二致，因此它没有带给你多少改变也是情理之中的。从锻炼的角度来说，你觉得通过每天必要的步行（从停车场走到办公室），或者偶尔帮朋友搬家，就能让你的身体健康状况立刻得到提升吗？最后一个原因可能是，你给自己评分时过于严苛了。如果你不期待改变，你大概也不会注意到自身的变化，于是便会继续给自己打同样的分数。无论原因如何——是以上原因之一，或者是我没有提及的原因——其解决方案都是相同的。你需要继续督促自己定期完成时间足够长的暴露练习。坚持到底，不断挑战回避行为，你最终会发现自己的世界变得越来越美好，眼界变得越来越开阔。你一定能做到！

为了促进症状的改善，你未来的暴露练习需要作出哪些调整（提升暴露练习效率的方法见"暴露规则"）？

_____

_____

_____

_____

模式2：症状的变化是起伏不定的

　　调研结果显示，这是本治疗阶段中最常见的模式。在这个过程中，你感觉到有几周进展很顺利，其他几周进展差强人意，出现这种情况的部分原因是暴露练习的效果和每周的压力源不同。暴露练习顺利完成的那几周，我猜你采取回避行为的次数会下降，你的消极情绪也有所减缓。但是你不要期望每周都能有这种效果。你要预料到现实生活可能很容易影响你初期的治疗，让你的暴露练习成败参半。如果你是第一次走进健身房，那么你不会期待接下来的每一次锻炼都能按照计划顺利进行，也不会期待自己能立即创建一个难度稳定提升的锻炼模式，因为形成这种模式需要一定时间。更可能出现的情况是，相对轻松和相对困难的几周会交替出现。暴露练习也是同样的道理。但我认为改变马上就要开始了，有如下几个原因。第一，日常的例行事务——无论是锻炼身体，还是完成暴露练习——假以时日都会熟能生巧。你练习的次数越多，它们就越容易成为习惯；第二，你的暴露练习对减缓消极情绪、提升积极情绪的效果逐渐开始显现；第三，我们的治疗之旅还没有结束。我还将介绍几种方法帮助你改善暴露练习，你将学到更多新的技巧（非暴露技巧）。你已经走上正轨了，一定要坚持下去。

　　前文中描述的模式对你有什么启发吗？为了促进症状的改善，你还有需要改进的地方吗（参见暴露规则）？

模式 3：症状持续改善

如果这种情况发生在你身上，确实可喜可贺。因为在此前几周，你未必会期待自己能达到现阶段的疗效。这也是我更加热衷于让你继续尝试暴露练习的原因。你已经尝试了几组暴露练习，在早期对回避行为的挑战中，你很可能已经多次体验了成功，并且在前面几周内体验到了症状的不断改善。在你朝着自己的目标不断前进的同时，请继续应用这个治疗方案，并保持这种势头。你正在努力让自己的故事有一个完美的结局。现在我们花一点时间来回顾一下你的治疗目标（你在第二周中确定下来的那些目标）。让我们看看你做得怎么样吧。

从可见的改变来看，你是否完成了某些治疗目标？请把它们写出来。

_____

_____

_____

你有哪些目标还没有达成？

_____

_____

_____

无论你是否达成了自己的所有初始目标，无论你的治疗是否开始见效，重新回顾这些目标，对于判定你是否已经取得必要的进步是非常重要的。既然你已经在克服回避行为的旅途中行进了一段时间，那你不妨看一看，还有没有新的治疗目标可以添加在你的目标清单上？你认为还可以改变哪些新的领域？

_____

_____

_____

如果你发现了更多的治疗目标，请把它们添加到你的目标清单中去。

▎回顾暴露练习

在上一周，你为自己布置了一组暴露练习。这是你挑战回避行为的第二周。你为这些练习安排了具体的日期和时间，并牢记挑战自我的目标和动机。

事情进展得如何？请大致描述你的经历，把最重要的几点写在下面。

_____

_____

在上一周，我们讨论了暴露练习的几种最常见的结果，在这里我不再赘述这些内容。现在我们需要将你的暴露练习的结果进行分类，然后与上一周中对结果的分析进行对比，以便更好地了解你的进步情况，从而明确如何制定你的下一组暴露练习计划。

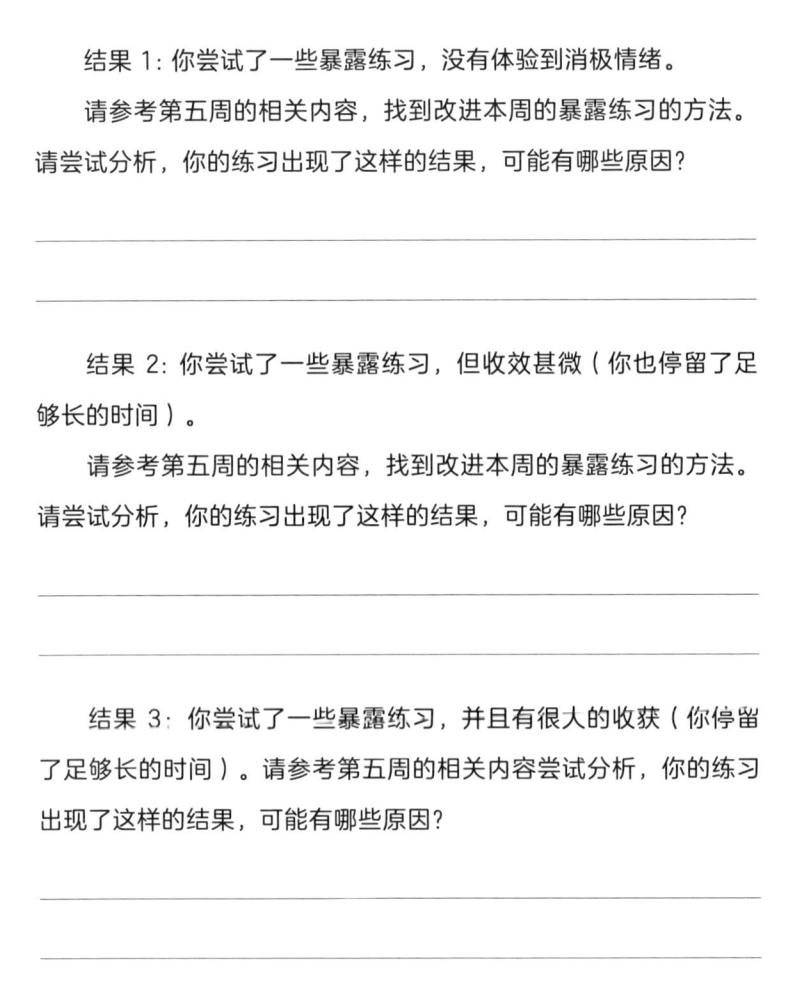

结果 1：你尝试了一些暴露练习，没有体验到消极情绪。

请参考第五周的相关内容，找到改进本周的暴露练习的方法。请尝试分析，你的练习出现了这样的结果，可能有哪些原因？

_____

_____

结果 2：你尝试了一些暴露练习，但收效甚微（你也停留了足够长的时间）。

请参考第五周的相关内容，找到改进本周的暴露练习的方法。请尝试分析，你的练习出现了这样的结果，可能有哪些原因？

_____

_____

结果 3：你尝试了一些暴露练习，并且有很人的收获（你停留了足够长的时间）。请参考第五周的相关内容尝试分析，你的练习出现了这样的结果，可能有哪些原因？

_____

_____

结果 4：你尝试了多组暴露练习，而且练习了不止一次，你感觉受益匪浅（你停留了足够长的时间）。

请参考第五周的相关内容尝试分析，你的练习出现了这样的结果，可能有哪些原因？

_____

_____

结果 5：你尝试了一些暴露练习，却一无所获（你过早地离开了）。

请参考第五周的相关内容，找到改进本周的暴露练习的方法。请尝试分析，你的暴露练习出现了这样的结果，可能有哪些原因？

_____

_____

结果 6：你的暴露练习避重就轻。

请参考第五周的相关内容，找到改进本周的暴露练习的方法。请尝试分析，你的暴露练习出现了这样的结果，可能有哪些原因？

_____

_____

结果 7：你没有完成任何暴露练习。

请参考第五周的相关内容，找到尝试进行本周的暴露练习及对它加以改进的方法。请尝试分析，你的暴露练习出现了这样的结果，可能有哪些原因？

_____

_____

通过以上的分类和分析，我希望你已经了解到后续暴露练习中应当重点关注的内容。拟定了锻炼日程之后,你身体的各个部分对锻炼的反应很可能会不同步。比如,你的肱二头肌(上肢)和股四头肌(下肢)会以同样的速度变得强健吗?你的肱二头肌和股四头肌可以负荷同等的重量或者做同样次数的重复性训练吗?答案是"不能"。暴露练习也是同样的道理。不要期待自己对严重堵车、人数众多的聚会、孩子们的体育赛事,以及与同事的社交聚会、与配偶的约会等各种暴露练习会有同等程度的反应。了解你在反应上的差异,有利于你在这场治愈之旅中更合理地制定后续的治疗计划,更有效地锁定你的回避行为。

回避行为的多面性

到目前为止,通过一周又一周的暴露练习,你已经确切了解了回避行为对消极情绪的影响方式。我希望你目前已经取得了多次胜利,并且在未来取得更多的胜利。但是,和很多精彩的故事一样,回避行为同样也会进行最后的挣扎,尝试扭转局面,从而继续控制你的生活。回避行为不单纯是一种会妨碍人们正常生活的行为陷阱,它有四种不同的表现形式。也就是说,你可能需要挑战四种不同的回避形式。好消息是,你目前所掌握的工具完全可以克服这四种形式的回避行为,并且你可能在不知不觉中已经挑战过不止一种了。让我们来了解一下这四种回避形式吧。

▎场景回避

场景回避是最常见的回避形式。到目前为止,它也是本书所列举的案例中体现最多的一种。在场景回避中，你会回避人、地点、事物和环境，因为你在和这些因素交互的过程中产生了恐惧、焦虑、愤怒、沮丧、担忧等消极情绪。我们在第三周提到了汤米的故事，汤米对猫的回避就属于场景回避。简而言之，汤米回避猫，是因为他和猫接触的时候会产生强烈的恐惧感和焦虑感。可能你也一直在和这种回避形式作斗争。

你所回避的活动中，哪些属于场景回避？请把它们列出来：

_____

_____

身体回避

身体回避和场景回避稍有差异。它们具有相同的影响，因为它们都加重了恐惧、焦虑等消极情绪。但是在出现身体回避的情况下，导致消极情绪加重的是与场景相关的身体症状，而非场景本身。比如，有的患者可能会回避爬一段楼梯，因为这会让他们心跳加速；或者回避看喜剧电影，因为大笑会让他们呼吸急促；再或者会回避游泳，因为游泳需要严格地控制呼吸频率。绝大多数情况下，患者回避这些场景都是因为担心这些身体症状会引发惊恐发作，以及其他严重的后果，比如心脏病发作（我希望你能回想一下我此前的保证——单纯的惊恐发作不会导致心脏病、情绪失控或者发疯）。但是，身体回避行为可能会一直持续下去，除非你勇敢地面对它，并坚持做稍加调整后的暴露练习。

凯莉的故事

凯莉（Kelly）是我在加拿大安大略（Ontario）省南部工作时接诊的一名32岁的患者。她那时刚刚换了一份自己很喜欢的新工作。她每天早上起床后，先送孩子们上学，然后去办公室。她曾在同一家银行工作了多年，后来从该银行的小型支行调到了地区分行。凯莉渴望去上班，她喜欢和同事们在一起。但奇怪的是，她每天一到公司就会出现恐慌的症状（出汗、心跳加速、呼吸急促、眩晕）。每到这个时候，她就会找借口去洗手间，做深呼吸，将水洒在脸上（出现了轻度的回避）。一段时间之后，回避循环渐渐赢得了主动权。为了回避身体症状，回避因担心这些症状会引发心脏病而产生的恐惧感，凯莉最终不得不离开了她的工作岗位。我见到凯莉的时候，她已经因极度焦虑和身体回避而暂时失去了工作能力。

▎找出你生活中的身体回避行为

无论你对凯莉的故事是否感到熟悉，身体回避都是那些惊恐发作或重度社交恐惧症患者身上最常见的问题（这些身体症状可能包括面部潮红、手掌出汗、喉咙发干，或者感觉喉咙有妨碍说话的"肿块"）。无论是哪种情况导致了这一结果，我们都可以通过下面这组身体挑战看出自己是否存在身体回避问题。

这组挑战旨在激发有身体回避行为的患者的消极情绪。请把每一项挑战都尝试一遍，要注意它是否引发了你的身体症状和消极情绪（恐惧、焦虑或愤怒）。

1. 原地慢跑 60 秒,跑步的速度要足以使你的心跳和呼吸频率加快。

2. 屏住呼吸,时间越长越好。

3. 以说"不"的姿势左右摇头,持续 30 秒。

4. 快速、轻浅地呼吸(呼吸急促),持续 60 秒。

5. 捏住鼻子,用嘴含住一根吸管呼吸,持续 120 秒。

6. 原地旋转(为了安全起见,请在地毯上旋转,并要靠近有软垫的家具),持续 10 秒。

7. 将头放在双膝之间,坐在那里保持这个姿势,持续 30 秒,然后快速站起来。

这些挑战会让你感觉身体不适或者产生消极情绪吗?进行哪些挑战时出现了这样的效果?

_____

_____

_____

这项(些)挑战让你产生了哪些消极情绪?

_____

_____

思维回避

这种回避行为可能是最难以识别的。它主要发生在你的大脑中，不会通过回避场景体现出来。思维回避包括回避痛苦的记忆或创伤性记忆，以及回避反复重现的思维模式，因为它们会带来消极情绪（焦虑、恐惧、忧虑、悲伤、麻木、愤怒等）。被回避的记忆可能是所爱之人的突然离世、严重的车祸、遭受了身体攻击或性侵犯、暴力犯罪、自然灾害、战斗部署、严重受伤，或者其他过去的事件。这些记忆让人产生消极情绪是很正常的。当你想到祖母心脏病突然发作时会感到伤心难过，当你回忆起被人劫持的经历时会感到心有余悸，我认为这些都是情理之中的。思维回避的不同之处在于，患者会不惜一切代价回避思考或谈论相关的事件。当然，在下面的例子中你将会看到，具备回避思维也并不是一件容易做到的事情。

厄尔的故事

72岁的厄尔（Earl）是一名越战老兵，居住在美国南卡罗来纳州（South Carolina）的一个海滨城市，自退伍后，40多年里他一直和妻子一起生活。他们共同将孩子抚养到成年，并和很多长辈一样，正在照顾孩子们的下一代。尽管在20世纪60年代末，厄尔曾经在越南服兵役，但他从未和人谈起过那场战争。事实上，厄尔的家人甚至都不知道他曾经是一名军人。他的家人只知道他不喜欢看战争电影，并且当新闻中报道全球冲突的时候，他会关掉电视；当他偶然从电视中看到战争节目时，就需要独处一段时间。他的家人只是觉得他是一个对战争比较敏感的人。这的确是事实，但厄尔面对战争时强烈的悲伤和焦虑情绪，源于他在越南当兵期间所遭遇的一系列事件。在越南，厄尔所在的连队遭到了伏击，厄尔身负重伤，而他最好的朋友道格拉斯（Douglas）不幸牺牲了。

从此以后，厄尔会想方设法地避免回忆这件事情。但这说起来简单做起来难。你如何才能回避自己的思想呢？举个例子，如果我命令你不要去想象一头粉色的大象，你怎样做才能不去想它呢？厄尔也遇到了同样的难题。当厄尔意外地从邮件中收到一枚紫心勋章[①]时，危机出现了。紫心勋章专门颁发给那些曾经在战争中负伤的军人。厄尔从来没有期待过获得这种奖励，但一个当地的退伍军人组织在完成一项对越南战争的调查项目后，代表厄尔要求政府给他颁发了这一奖励。厄尔的秘密无法再继续隐藏了，他的思维回避和消极情绪占了上风。

你的哪些回避行为属于思维回避？是不是有一些往事让你一直

---

① 紫心勋章是美国第一种向普通士兵颁发的勋章，专门授予作战中负伤的军人，也可授予阵亡者的最近亲属。尽管这枚勋章在今天的美国勋章中级别不高，但它标志着勇敢无畏和自我牺牲精神，在美国人心中占有崇高地位。——编者注

不堪回首，有一些痛苦的记忆让你避之不及？请把它们写下来。

_____
_____
_____
_____

▌积极情绪回避

第四种回避行为也是这四个类别里的最后一种：积极情绪回避。这种回避行为和前三者的不同之处主要在于：虽然所回避的场景可能看起来相同（商店、体育赛事、和朋友或家人相聚、电影院等），但是患者回避这些场景不是因为有太多的消极情绪（害怕、焦虑、悲伤、愤怒），而是因为缺乏积极情绪（提不起兴致、感觉麻木或者冷漠、缺乏动机或者内驱力）。换言之，回避积极情绪的患者谢绝参加活动，因为他们感觉无法从中感受到乐趣，或者，由于自我价值感的长期缺失，他们认为自己不配享受乐趣。他们只想待在家里，因而错过了很多体验积极情绪（有更多的快乐）的机会，最终导致消极情绪（悲伤、孤独、绝望、麻木）变得无法控制。

帕特里夏的故事

43岁的帕特里夏（Patricia）居住在美国马萨诸塞州（Massachusetts）的东部，她从小到大一直都在这里生活，并计划在这里长期定居，所以她身边的朋友很多，家人住得离她也很近。

事实上,她和父母及兄弟姐妹居住在同一个社区。帕特里夏的工作对专业性要求很高,而且任务繁重,压力重重。不知从什么时候起,帕特里夏逐渐开始回避常规性活动。她会回避侄子的足球队比赛,周日的早上她也不再去教堂了。尽管帕特里夏告诉家人、朋友,她不参加这些活动是因为身体不太舒服,或者要加班,但事实是她不想再参加这些活动了。她觉得这些活动无法带给她任何乐趣,还不如待在家里清闲自在。随着时间的推移,她对积极情绪的回避逐渐变成了一种习惯,她错过了越来越多的活动,甚至好几天都不去上班,还常常感到郁郁寡欢。抑郁症的症状非常明显。

你的哪些回避行为属于积极情绪回避?请写下来。

_____

_____

_____

▍密切关注四种回避行为

下一步是分辨你现有的回避活动,把它们分为四类,以便更好地理解自身的回避行为,同时拓展更多的暴露练习技巧来克服这些回避行为。具体来说,这个过程分为两部分。首先,你要掌握这四种回避行为的特点,然后,我们将针对每一种回避行为逐一探讨如何改进你的暴露练习。换言之,你会继续使用暴露疗法,但是你需要学习如何根据自己的每一种回避行为对暴露练习技巧稍加改进,以便更好地借助自身的动力来实现改变,并达成治疗目标。

在前文中你已经就这四种回避行为的相关问题给出了答案,请参考这些答案,以及"回避场景记录工作表"中现有的内容,将它们按本周的四种类别填入手册中的"回避行为记录表"(见手册第 20 页)。你不必刻意为这四种回避行为逐一分配内容,而要基于你所体验到的消极情绪和积极情绪,以及相关回避策略的使用情况,来填写这些内容。

当你对回避行为进行分类的时候,注意到了什么?在所有类型的回避行为中,你的某一类回避行为是不是偏多?

_____

_____

▌计划下一周的暴露练习

你已经进行了三周的暴露练习,下周我们还会继续。到目前为止,你的一部分练习已经顺利完成,并且获得了正面启示。而另一部分练习仍然差强人意。你使用了相应的策略解决遇到的问题,因此,即使不适感增强,你也能很好地坚持练习。你可能会认为,将回避行为进行分类处理,和你之前所用的方法相比没有什么本质的差别。是的,从某种程度上讲,你是对的。

你已经掌握了暴露练习的技巧,坚持练习了数周(希望如此),并且致力于不断完善自己的练习方法,因而你每一周都会比前一周获得更多的进步。虽然这些针对身体回避、思维回避和积极情绪回避的新方法，和你前几周尝试的方法并非迥然不同，但是它们之间仍然有一些差别，而且这些差别对于你停止回避，回归正常生活的治疗目标来说非常重要。让我们快速浏览一遍这四种暴露练习方法，找出它们的主要差别，以便你拟定下一周的暴露计划时能留意到这些差别。

场景暴露法

场景回避是最常见的回避行为，本书从一开始到现在所提及的主要案例都属于场景回避。患者回避他人、地点、事物和环境，因为它们引发了患者的恐惧、焦虑、愤怒、抑郁和忧虑等消极情绪。在汤米的故事中，他对猫的回避就是典型的场景回避，而汤米用来克服自身回避行为的暴露方法就属于场景暴露法。你在第四周中学到的暴露规则同样适用于任何场景暴露练习，并且你一直都在练习的技巧对于克服场景回避也完全适用。请继续加油吧！

身体暴露法

由于身体反应（心跳加速、呼吸急促、头晕目眩）会引发消极情绪（恐惧、焦虑和愤怒），所以当某些环境触发了这些身体反应时，人们就会回避它们，我们将这种回避称为身体回避。我们讨论过患者凯莉的故事。凯莉因为多次经历惊恐发作而无法在办公室里继续工作，最终她暂时丧失了工作能力。如果你在前文中的挑战里发现自己也有身体回避行为，并在"回避行为记录表"中列出了要进行的练习，那么请继续阅读本节内容，学习如何对你的暴露练习进行相应的改进。如果你没有发现任何身体回避行为，就可以跳过本节内容，直接阅读下一节关于思维回避的内容。

身体暴露法和场景暴露法（或称标准暴露法）大致相同。场景暴露法关注的对象是商店、电影院或者社交聚会，而身体暴露法关注的对象是身体感觉本身。回想一下凯莉的例子。她到办公室的时候会突如其来出现一系列身体症状，还会有与之相关的消极情绪（担心心脏病发作）。

如果她能在办公室里停留足够长的时间，以验证是否会出现自己预期的消极结果，你觉得会发生什么事情？如果她的身体反应逐渐变得强烈，又会发生什么事情？

身体暴露法的目标就是回答这些问题。

凯莉的故事（续）

凯莉刚来就诊的时候正处于暂时的工作失能状态，之前她的身体反复表现出强烈的不适症状，导致她不得不请假离岗（身体回避）。在治疗期间，凯莉主要使用了身体暴露法（坚持让自己暴露于心跳加速和眩晕等身体感受中的练习），而非场景暴露法（坚持去工作地点的暴露练习），因为她的消极情绪和身体反应的关系最为密切。凯莉的焦虑或恐惧并非源于她的工作（事实上她很喜欢自己的工作），而是源于她上班时所体验到的强烈的身体反应（害怕心脏病发作）。因此，她完成了对身体回避的挑战，并为自己规划了相应的暴露练习。她反复爬上几层楼梯，并在原地慢跑，以提高心率和呼吸频率。她还多次尝试原地短时间旋转，让自己体验眩晕感。她的目标是通过完成暴露练习和了解相关后果，打破身体反应和消极情绪之间的联系。凯莉已经知道惊恐发作不会带来身体上的伤害，但她需要亲自验证这一点。尽管她的身体反应并没有因为反复的身体挑战而发生任何改变（如果她慢慢跑上好多层楼梯，她的心跳还是会加快的），但其消极情绪的严重程度开始下降（见图 6.1），身体的回避行为也随之减少。现在，她已经回到工作岗位上，并且也不再担心以后会再次体验惊恐发作了。

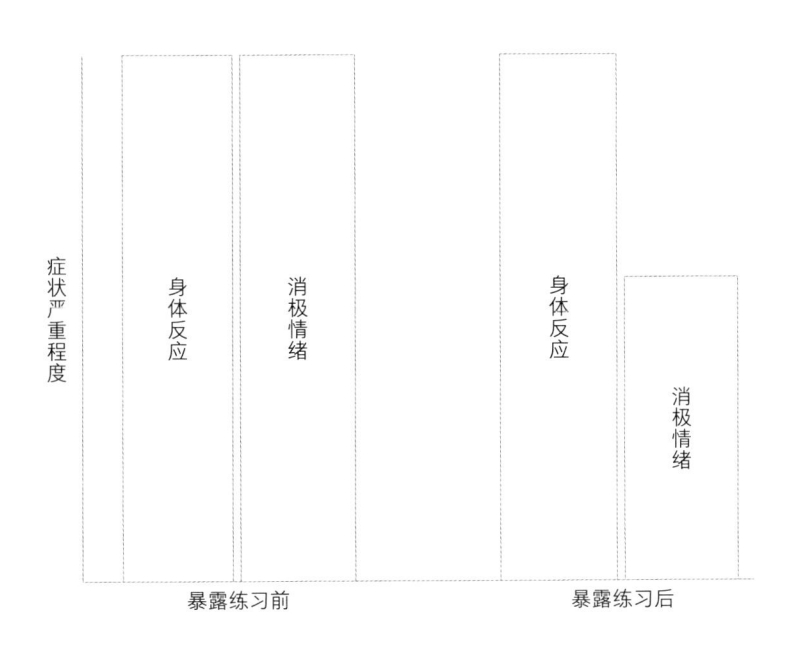

图 6.1 通过使用身体暴露法，降低症状的严重程度

现在，我们回顾一下你的身体回避挑战所验证的结果，以及"回避行为记录表"中的相关活动内容。

你应该将哪些身体暴露活动添加到新的"暴露练习追踪工作表"中？

_____

_____

_____

请记住，和场景暴露相比，身体暴露活动的不同之处仅仅在于练习本身所针对的对象不同（其对象是身体反应，而非特定的环境）。这些暴露活动的另一个优势在于它们可以成组地进行练习。场景暴露练习需要每周去两三次商店，每次停留 30 分钟；而在身体暴露练习中，你上下楼梯时，即便在 5 分钟后停止自己的行动，也能从结果中获得正面启示（即没有什么坏事发生），然后你可以再练习 5 分钟。或者将时间延长到 10 分钟，进一步挑战你的身体回避行为。你需要一次安排多组练习，比如完成 3 组原地旋转，每组 30 秒。假以时日，你就能打破身体反应和消极情绪之间的联系了。

思维暴露法

思维回避是指人们回避创伤性记忆或令人痛苦的想法或经历，因为它们与消极情绪（恐惧、焦虑和愤怒）之间存在一定的联系。

我们之前讨论过厄尔的例子。厄尔就是那个意外收到紫心勋章的越战老兵。他所在的部队遭到了伏击，他的战友道格拉斯不幸牺牲，这些创伤性记忆让他一直无法走出阴霾。如果你认为自己没有任何思维回避行为，可以跳过本节内容，继续阅读下节内容——积极情绪回避。

思维暴露法与场景暴露法（即标准暴露法）的原理大致相同。你可以采取场景回避（如不去商店）或身体回避（努力保持平静，回避身体活动）策略，但是，你真的能回避自己的想法吗？很不幸，答案是不能。我猜这个答案会让你感到惊讶。也许你认为自己擅长回避痛苦的想法或者创伤性记忆。也许你认为只需要回避其触发源（如暴力电影、刺耳的噪声或者晚间新闻），你就不会再想到这些事情了；或许你认为当这些记忆被触发的时候，只要你有时间独处（思维回避导致场景回避），就能很好地分散自己的注意力。

但事实是，无论你怎样努力都无法回避自己的想法。你越尝试回避，就越容易想到那些痛苦的或者创伤性经历，而你体验到的消极情绪就越多。因此，如果无法回避它们，不如欣然接受，直到它们不会再引发强烈的消极情绪为止。

这种方法可能对你来说有点陌生。或许你会质疑它们能否有效地对抗痛苦的或者创伤性的记忆。在回顾厄尔的故事之前，让我们先来看看亚历克斯（Alex）的故事，看看他是如何处理与祖父意外去世相关的情绪和记忆的。

亚历克斯的故事：葬礼的力量

痛苦的经历或创伤性记忆方面的例子有很多。但是所爱的人毫无征兆的死亡是少数需要有内在应对措施的事件之一：你需要接纳相关的回忆，继续前行。和前面的几个例子不同，我现在谈到的这位亚历克斯不是我昔日的患者。他和怕猫的汤米一样，可以是任何人。亚历克斯是一名24岁的大学毕业生，刚刚开始独立生活。一天早上，他意外接到了妈妈的电话，原来他的祖父前一天夜里心脏病突发去世了。他的祖母曾身患癌症，长期和病魔抗争，并于一年前去世了，但他的祖父一直身体健康、精神矍铄。这个噩耗让亚历克斯悲痛不已。他沉浸在消极情绪中难以自拔。大学期间他一直都和祖父母一起生活，不久前才搬出来住。他认为自己应该一直待在祖父的身边，这样他的祖父就不会去世了。为了不再悲痛和自责，亚历克斯努力分散自己的注意力，回避思考任何关于祖父的事情（思维回避），并远离任何可能勾起自己痛苦回忆的事物。他为了回避同事们的吊慰而请假；不再接听家人打来的电话；将此前摆放在公寓里的祖父母的照片藏了起来；他还会回避自己的日常活动，比如不再去健身房，或者不再参加朋友们每周一次的晚间小聚（思维回避导致了场景回避）。

尽管消极情绪和回避行为的恶性循环让亚历克斯越来越消沉，但他的父母仍然强迫他参加祖父的葬礼，并要他帮忙收拾祖父的遗物。从本质上讲，这一过程就是一次思维暴露练习。整个周末，亚历克斯不得不一次又一次地将自己暴露在对祖父的回忆中。他不得不和家人及朋友谈论祖父：谈论祖父的健康状况，谈论祖父的突然离世和家人的猝不及防；谈论他那和病魔斗争到最后一刻的祖母，以及她的去世给祖父造成的精神打击。这些经历甚至让亚历克斯情不自禁泪流满面。但是，当一遍又一遍重温祖父的故事之后，亚历克斯渐渐能够控制自己的情绪了，并且开始分享让人开心的故事：当他提出要搬去和祖父母一起住的时候，祖父母感到很惊喜；在大学期间，他每周日都会和祖父一起共进晚餐；还有全家人去科罗拉多大峡谷旅游的往事。亚历克斯通过思维暴露法（反复谈论关于祖父去世的事情）挑战了思维回避行为，因而他能够释放悲痛，从悲伤中自愈。尽管祖父的去世对亚历克斯来说是心中永远无法抹去的痛，但一段时间之后，他就能够坦然谈论关于祖父的开心（周日的晚餐）或不开心（心脏病发作）的事情了，也不会因为消极情绪泛滥而感到不知所措，并产生回避冲动了。

前文我们探讨了思维暴露法和参加葬礼的相似之处。通过讨论，我们知道直面痛苦的记忆可以让人将悲痛宣泄出来，并且获得治愈。但是我猜你可能多少会对此表示怀疑，不知道思维暴露法是否能够帮你有效地应对痛苦或创伤性的记忆。让我们重新回到厄尔的故事中，分析一下他是如何用思维暴露法处理创伤性记忆的。

厄尔的故事（续）

当厄尔最初接受治疗的时候，他无法控制思维回避冲动，从而引发了强烈的消极情绪——恐惧、焦虑、内疚、压抑和愤怒，以及越来越频繁的场景回避行为——整天待在卧室，错过了和妻子共进晚餐的时间，回避与朋友每周一次的聚会。厄尔想尽一切办法忘记创伤性经历，但事与愿违，那些痛苦的经历不断在他的脑海中重现（你越想努力忘记一头粉色的大象，你就越容易想到它）。而这段创伤性经历甚至让厄尔噩梦不断。也就是说，即使他睡着了也无法逃脱思维回避和消极情绪。

当厄尔了解了思维暴露法的原理（参见亚历克斯参加葬礼的案例）之后，他同意尝试一下。他迫切希望重新回到家人和朋友们身边，想重新开始之前每周的聚会（治疗目标），并且不想再让家人和朋友对他感到失望了（治疗动机）。

厄尔的思维暴露练习包括假设自己是一名杰出的小说家或获奖的电影导演，将自己的创伤性经历讲给其他人听。厄尔使用第一人称，借助自己的所有感觉（触觉、嗅觉、味觉、听觉和视觉）描述了当时的场景："我正在灌木丛中穿行，举步维艰，水没过了我的脚踝，雨点滴滴答答地打在我的背包上。"尽管厄尔试图回避强烈的消极情绪，但这项暴露练习带来的痛楚仍然贯穿了整个过程，包括最痛苦的部分——厄尔受伤和道格拉斯阵亡。但是，正如暴露练习模式所预测的那样，在厄尔反复做暴露练习（听自己讲述这一创伤性事件的录音，或反复阅读该事件的书面描述）的过程中，他的消极情绪逐渐减弱了。

最终，厄尔向妻子、孩子和朋友讲述了这段经历。后来，他们全家人一起去了美国华盛顿哥伦比亚特区（Washington D.C.），将道格拉斯的名字从越战纪念碑上拓印下来。这一旅程让全家人激动不已。和亚历克斯祖父的葬礼一样，厄尔的负伤经历和道格拉斯的牺牲永远都不会变成美好的记忆，它们将永远是厄尔记忆中无法抚平的伤痛。但是，通过思维暴露练习，这段记忆不会再让厄尔产生思维回避冲动，也不会再引发他的梦魇和相关的场景回避行为（他已经重新开始看晚间新闻了）。暴露练习减轻了他的消极情绪，让他重新体验到了积极情绪。

现在我们来回顾一下你的"回避行为记录表"，在新的"暴露练习追踪工作表"中，你应该增加哪些思维暴露活动呢？

你将如何重复地进行思维暴露练习？

☐ 叙述你的经历并录音，通过手机或者电脑反复聆听这些录音。

☐ 将你的经历写下来并反复阅读。

请记住，这些暴露活动和普通的暴露练习的区别仅仅在于对象不同（针对的是记忆片段而非特定环境）；同时，这些暴露活动的优点（同时也是缺点）之一是，你可以在任何地点单独完成练习，而不必每周去商店两三次，每次停留 30 分钟。你可以在家里、在午休期间听录音，并且从结果中得到验证——任何坏事情都不会发生。但是，在你反复做暴露练习之后，这些记忆也有可能仍然会历历在目。你可以尝试将思维暴露练习和其他暴露练习或者活动进行搭配，尤其是积极活动，如将积极情绪暴露练习安排在完成思维暴露练习的一小时之后进行。随着时间的推移，在停止回避，回归正常生活的自我治愈之旅中，借助思维暴露练习，你一定能打破痛苦的记忆或创伤性记忆与消极情绪之间的联系。

积极情绪暴露法

积极情绪暴露法是四种暴露法中的最后一种。积极情绪回避行为不是由消极情绪引发的，而是因为缺乏积极情绪（没有兴致、感觉麻木不仁或者冷漠、缺乏动力或内驱力）导致的。我们讨论过帕特里夏的例子，由于兴趣和愉悦感减少，她逐渐开始回避朋友和家人。我曾经要求你尝试找出你回避过的、属于积极情绪回避的活动。如果你找到了，请继续阅读后面的内容，学习如何对你的暴露练习作出相应的调整。事实上，即使你没有找到，我也希望你可以继续阅读下去。绝大多数人都能从增加更多积极的、有意义的活动中获益。

积极情绪暴露法和场景暴露法的原理大致相同，它们之间的微小差别在于：在场景暴露练习中，你需要尽力让自己在场景中停留足够长的时间，从而体验消极情绪，直到消极情绪随着时间减弱，最终被积极情绪替代；而在积极情绪暴露练习中，消极情绪通常非常轻微（只是感到沮丧或者脾气暴躁），所以积极情绪暴露练习的重点通常会放在提升积极情绪上。说得更简单一点，积极情绪暴露练习的目标是促使自己参与活动，直到自己能再次从中找到乐趣。这听起来是不是很简单？但不要轻敌，因为即使如此，你的积极情绪回避行为（以及其他类型的回避行为）已经让你无法享受这种乐趣。因此，你可能需要一点助力才能再次回到正常的生活状态当中。

▌把生活想象成一份菜单

为什么你无法像从前那样参加活动，享受活动带给你的愉悦呢？是因为暂时性的恐惧，还是因为刚刚从伤病中康复？原因可能有很多，其中一部分可以用我们最初建立的回避/自我孤立模型（见图 3.1 至图 3.3）来解释。无论原因是什么，你都必须设法将以前的活动添加到目前的日程中。说得更简单一点，你必须为自己拟定一份更好的菜单。

内容丰富的菜单对作出选择至关重要。试想一下你最喜欢的饭店提供的正餐菜单。为什么你喜欢这份菜单？你想吃哪些菜？

_____

_____

不知道你是不是和我一样——在我最喜欢的菜单上，菜肴琳琅满目，让人垂涎欲滴。无论我的心情和胃口如何，总有几个选项让我心动。如果只能选择一种，我通常会犹豫不决、难以取舍。无论是开胃菜还是沙拉，是意大利面还是拌饭，是鸡肉、牛肉还是素食，或者是餐后甜点，这家餐厅都一应俱全。我会选择当天我最喜欢的菜肴，然后满怀期待地再次光临，然后挑选我第二喜欢的菜肴（在上一次就餐时我就无比羡慕地看我的朋友享用过它）。这样的餐厅才能让人百吃不厌。

让我们将这个菜单和活动计划进行类比。我猜很多年以前你的活动清单中的内容一定更加充实。比如，在你工作期间以及和同事们共度休闲时光的时候，在你不得不搬到一个新地区之前，在经济开始变得拮据之前，在你的膝盖受伤之前，在你的孩子出生之前，以及你将所有的活动转为以孩子为中心之前。但是，当一系列压力源出现后，很多活动清单上的选项都被你划掉了。比如，你的膝盖受伤之后，或者因年龄而退出篮球队之后，你便不得不放弃参加篮球比赛。

活动清单中的项目逐渐减少，你能想到是什么原因造成的吗？

你放弃了之前那些自己喜欢的活动，原因又是什么呢？

_____

_____

_____

无论你能否找到原因，你对活动的放弃都不是重点。重要的是，你将这些活动从清单中划去的时候没有填写替代它们的选项。我们再回想一下饭店的菜单。你能想象吗？由于鸡肉短缺，你最喜欢的餐厅下架了所有带鸡肉的菜肴，却没有用新的菜肴来替代它们……如果继续这样，整份菜单里的菜肴会从30道下降到20道、10道，直至寥寥无几。这种做法显然让人难以接受。然而，在活动清单中，你可能对这种情况并不陌生。在高度紧张状态以及消极情绪（和回避行为）的挟持下，你的活动清单上的可选项目会急剧下降，最后只剩下简单的几项（你基本上已经处于自我孤立的状态中），比如看电视、睡午觉，或者干脆只是"放松一下"。现在看来，也许在过去几年里你为了生活忙得焦头烂额，就连看几个小时电视或者中午打个盹，对你来说都是一种特殊的奖励。但是，如果现在看电视和打盹就是你休闲生活的全部，那么你当然无法再从中体验到之前的积极感受了。每天重复几项单调的休闲活动就好像每天吃同样的食物。虽然我喜欢吃鸡翅，但我无法想象，如果每天只能吃鸡翅我能开心多长时间；也无法想象，如果只吃鸡肉，下一次体检的时候我能对体检结果有多么满意。

改变这种生活模式的确势在必行。你需要重新制定自己的日常活动清单。同时——还记得你最爱的餐厅所提供的菜单吗？——

你的选项要多多益善。因此，你的活动项目需要兼顾各种场景：白天和晚上、夏天和冬天、晴天和雨天、室内和室外、独自完成和有朋友相伴、工作日和周末等。

发现积极的活动

请你从下面挑出所有你感兴趣的活动——可以是你从前或现在喜欢的、一直想尝试的、考虑过一两次的活动，也可以是你听说的、可能会很有趣的活动，还可以是单纯想要尝试一下的活动。

□去海滩/河边	□去野餐	□出去吃饭	□去看体育比赛
□露营	□参加本地的活动	□逛街	□去图书馆或书店
□拜访老朋友	□给朋友打电话	□公路旅行	□去博物馆或公园
□看望家人	□给家人打电话	□去看电影	□游泳
□骑行	□钓鱼	□散步或慢跑	□打高尔夫球
□玩纸牌游戏	□玩桌游	□观察大自然	□玩拼图
□划船	□打普尔台球或台球	□读书	□写故事、诗歌或博客
□上课	□打扫屋子	□徒步旅行	□烹制特别的菜肴

☐ 收拾院子　　　☐ 做园艺工作　　　☐ 制作艺术品　　　☐ 重新布置房间
　　　　　　　　　　　　　　　　　　或手工艺品

☐ 修理物品　　　☐ 修理或保养汽车　☐ 弹奏乐器　　　　☐ 唱歌或跳舞

☐ 摄影　　　　　☐ 做木工　　　　　☐ 购物　　　　　　☐ 去健身房

☐ 和宠物玩耍　　☐ 冥想或瑜伽　　　☐ 听音乐　　　　　☐ 做义工

☐ 帮助他人　　　☐ 去教堂　　　　　☐ 加入当地　　　　☐ 打猎
　　　　　　　　　　　　　　　　　　社团

其他社交活动：_____　　　　　其他才艺：_____

其他健身活动：_____　　　　　其他技能：_____

其他活动：_____　　　　　　　其他活动：_____

既然你现在有了一些选项，就让我们回到帕特里夏的例子中，看看她是如何利用积极情绪暴露练习停止回避，回归正常生活的。

帕特里夏的故事（续）

当帕特里夏接受治疗的时候，由于长期回避积极情绪，她的积极情绪不断减少，消极情绪随之提升。尽管家人和长期相伴的朋友们离她并不遥远，但自我孤立的帕特里夏却倍感落寞。后来她的母亲找到了她，并说服她改变自己，因此她来到我的办公室寻求治疗。

我们首先为帕特里夏制作了一个活动清单，我要求她每周都要从清单上选择新的项目来完成。尽管这些新的活动项目看起来很有趣，而她也将这些活动安排在了方便参与的时间段，但起初她对参与这些活动仍然感到十分纠结。她把自己缺乏动力和活力归咎于暴露练习没有成效，这是人们在处理积极情绪回避这一问题时常见的抱怨。事实上，缺乏兴致、动力、活力以及内驱力是抑郁症和积极情绪回避行为的常见症状组。她不能参加这些活动是因为她患有抑郁症，与之相关的症状组剥夺了她强迫自己参与新活动的能力。为此，帕特里夏付出了艰苦的努力才完成了改变。和你强迫自己在场景暴露练习中克服消极情绪一样，尽管帕特里夏患有抑郁症，但她还是要强迫自己通过做暴露练习来克服回避行为、改善症状。最初的几项活动进展得相当缓慢。她先是强迫自己与侄女和侄子待在一起（因为她过去一直喜欢和孩子们待着），然后还增加了与一位同事喝咖啡的活动。每完成一项活动，她都会感觉轻松一些，因而活动给她的压力感越来越小，她的心态也逐渐恢复了正常。随后她又给自己增加了新的活动，比如在强迫自己逛街时她购买了一套工具包，然后开始学习珠宝制作；每天步行穿过社区公园时她都会刻意停下来闻一闻花香。一段时间后，帕特里夏给自己制作了一个新的、内容更加丰富的活动清单，而她也重新体会到了这些活动带给她的愉悦感。

现在你需要把积极情绪暴露练习添加到你每周的固定日程中，并要重新创建你的活动清单。请记住：这些暴露练习与之前那些练习的不同之处在于，它们最初会让人觉得无聊无趣，不会让你产生强烈的消极情绪。除此之外，它们是基本相同的。积极情绪暴露法成功的关键在于保证选择的多样性和选择的频率（你肯定不知道做什么会让自己开心，否则你已经在这样做了，所以你必须多多尝试），以及安排这些活动的方式（你必须强迫自己参与这些活动，所以要为它们安排具体的日期和时间）。因此，就积极情绪暴露练习本身而言，它大概是你有史以来做过的最有趣的家庭作业了。现在你的主要工作就是重新享受生活的乐趣。

下面，请参考"回避行为记录表"中的治疗目标和暴露规则，使用"暴露练习追踪工作表"为本周分配新的暴露练习；同时，参照本周的分类，回顾上周暴露练习的进展，将它作为你提升练习难度的重要参考依据，并通过反复练习获得更多正面启示；像第四周中的马克那样，安排大量的暴露练习，并确定这些练习的具体日期和时间，以增加你在停止回避，回归正常生活这一治疗过程中成功的机会。

现在你已经制定了暴露练习计划，下一步就是确保自己不会忘记计划内容。你应该已经有一整套有效的提醒系统了。无论是在家里张贴暴露练习计划的纸质复印件，还是设置线上的备忘录提醒，都请坚持下去。现在我们不能掉以轻心。请做自己的英雄，谱写属于自己的精彩篇章，坚持做暴露练习。

● 小结

在完成症状自查，并回顾之前的暴露练习之后，你在本周将迎来克服回避行为之旅中的一个新的转折点。事实证明，回避行为可以分为四种，它们不但加重了消极情绪，还消减了积极情绪。通过学习你了解到场景回避、身体回避和思维回避行为都与消极情绪的不断恶化密切相关。因此你所回避的不仅是让你感觉糟糕的场景，还有身体上的反应和思维。导致积极情绪回避的原因是缺乏对积极情绪的预期，而你会回避某些场景的原因是你认为这些场景不会让你的消极情绪得到任何缓解。我们将针对这四种回避行为，对你的标准暴露练习方法及其规则进行调整。尽管调整后的练习和前几周你所尝试的练习没有本质的区别，但这些重要的调整对你的治疗效果而言是不可或缺的。明确这一点对未来几周的学习至关重要。

  在下一周，我们将更全面地分析你的症状改善情况以及暴露练习的进展。在接下来的暴露练习中，你要留意自己所遇到的任何干扰因素。我们将会对这些干扰因素进行标注。这些干扰因素虽然不属于任何既定的回避类型，但它们可能一直在阻碍你完成暴露练习计划。你还将学习排除这些干扰因素的办法，清除路障，勇往直前。现在的你已经势不可挡。

第七周

向理想的生活
再靠近一点

WEEK 7

现在你已经完成了前六周的练习。我希望，暴露练习已经成为你对抗回避行为的强大武器，让你所向披靡。对回避行为的成功克服，已经让你在感觉方面获得了积极的体验，即你体验到消极情绪的时间在不断减少，而体验到积极情绪的时间在不断增加。本周我们将稍作停顿，总结一下前面的收获。你将会对症状做常规的自查和追踪，然后仔细审视每个问题的答案。我们将根据这些具体的答案来指导你如何选择未来的暴露练习。你还要找出妨碍你成功完成暴露练习的所有困难。这些困难是回避行为用来分散你的注意力，让你无法直接挑战它们的对策，我们要把它们统统标注出来。我们在本周的目标是，在到达"停止回避，回归正常生活"之旅的终点前，为你的暴露练习做最后的助推。

▍搜寻挥之不去的乌云

现在你仍然需要借助"症状自查表"来完成每周一次的评估。通过几周的学习，你对"症状自查表"中的这些描述似乎已经非常熟悉了。事实上，你现在可能只是大致有了概念。人们通常会对重复的事物一掠而过，这是意料之中的事情。但这一次我希望你比前几周更加关注这些描述的细节。请完整、仔细地阅读每一项描述，因为你针对每一个问题所给出的具体答案，都将被用于调整你的治疗方案。准备好了吗？请用"症状自查表"（见手册第 7 页）给自己打分，然后将你的分数和今天的日期填写在"症状追踪表"（见手册第 32 页）中。这将是你的第五次评分。你的症状改善模式应该正朝着好的方向发展，我们只需要确保你没有任何的遗漏就行了。

完成了"症状自查表"之后，我们来对这张表进行更深入的分析。尽管前面几周你很可能一直都在做各种暴露练习，但是不同类型的暴露练习的可行程度、有效程度并不相同。很可能有一些症状仍然困扰着你，而另一些症状改善的速度很快。请你回顾"症状自查表"中的答案，找出那些得分偏高的描述，看看它们分属于下文中的哪个组别。当你的评分中出现了 3 分或 4 分，或者某一两项描述的评分高于其他描述（如某一项描述得到 2 分，而其他描述都得到 0 分或 1 分），你就需要特别注意了。换言之，下面的这些"乌云"就是回避和自我孤立行为的藏匿之所，通过搜寻这些乌云，你就可以制定出对回避行为打击力度更强、更精准的暴露练习，这将极大地拉近你与治疗目标的距离。

风暴云 1：第 1 项、第 7 项或第 8 项描述的得分偏高

这几项描述中的一项或几项得分高于其他描述，说明你一直因为与抑郁症及积极情绪回避相关的症状而感到痛苦。这些症状可能包括情绪特别低落、伤心难过、萎靡不振、缺乏动力或活力（或是两者兼有）。无论如何，治疗这些症状的主要方案都是积极情

绪暴露练习。请回顾第六周中与发现积极的活动相关的内容，选择更多的积极活动进行尝试；将这些活动添加到"暴露练习追踪工作表（含干扰因素）"中（见手册第31页）。关键是要让活动清单中有尽可能多的选项。但是由于受到了抑郁症症状（缺少兴致、动力和内驱力）本身的影响，对于活动清单中的绝大多数选项，你可能都会觉得枯燥无味。因此，我猜大多数活动你已经很长一段时间都没有参与了。这也是你做这些练习的意义所在。你一直没有参与这些活动，当然就一直都体验不到快乐。所以你必须强迫自己尽可能多地尝试参与这些活动。

如果你仍然苦于找不到合适的活动，那么还有一个办法，即进行"活动采购"，你要去那些可能让你感兴趣的地方，选择一些活动。比如，你可以去图书馆，强迫自己花一小时沉浸其中，读几本书（虚构、非虚构类图书或漫画书都可以），或者找到与兴趣爱好相关的书架，在其中挑选你喜欢的图书类型，比如园艺、厨艺或野营；你也可以去逛逛兴趣爱好商店，强迫自己逛一个小时，找到自己感兴趣的活动——制作模型、玩纸牌游戏、玩桌游，或者操控无人机，等等；你还可以逛逛手工艺品商店发掘兴趣点，比如学习缝纫或编织一种新的花样、雕刻或烙画、制作剪贴簿等。如果你在"活动采购"的过程中犹豫不决、难以取舍，你可以在到这些地方的时候给自己定一个必须完成的目标，比如，你必须消费20美元或者借5本书才能离开。

新活动的选择对于创建活动清单、排满日程表也非常重要。你可能已经有了几项一直在做的活动，比如看电视、修剪草坪，或者清洗餐具（没有一项是让人感觉心情愉快的）。尽管某些是你一直都要做的事（如果你想要整齐的草坪或者干净的餐具的话），但是如果重复的日常琐事或者消极地看电视等活动占据了你的所有时间，你应该一直都会感觉抑郁。借用前文中菜单的例子来说，就相当于每天都吃同样的食物。菜肴种类繁多的菜单能激发食客的食欲，这对一家餐厅的成功来说功不可没。同样，有各种新颖的、引人入胜的活动可供选择对你的成功也是至关重要的。如果你不尝试多种多样的新活动，你就不可能取得成功。

多年以来，你一直处于积极情绪有限、消极情绪爆棚的状态，因而你可能连自己喜欢什么都不知道了，这是可以理解的。现在，你需要尽可能地探索、尝试各种活动，从而为自己创建新的、内容更加丰富的活动清单。

你能添加哪些社会活动？

_____

_____

_____

你能添加哪些新的业余爱好？

_____

_____

_____

_____

你能添加哪些新的户外活动?

_____

_____

_____

你能添加哪些新的室内活动?

_____

_____

_____

你能添加哪些身体活动?

_____

_____

_____

你打算去哪里进行"活动采购"?(请写得具体一点)

_____

_____

_____

你要确保将这些建议纳入"暴露练习追踪工作表(含干扰因

素）"中。

风暴云 2：第 2 项或第 3 项描述的得分偏高

这两项描述中的一项或两项的得分偏高，说明场景回避的影响一直在持续。场景暴露练习是本书到目前为止提及次数最多的练习类型。假设你每周都完成了几次场景暴露练习，并且在每次的练习中都停留了足够长的时间，从停留的结果中获得了正面启示，却依然存在应对困难，那么可能有以下几种解释。首先，要确定这些症状是否在随着时间推移而改善，或者其得分是否一直在上升，这一点很重要。具体来说，有可能你的场景回避的频率已经下降了（从第一次评估到第六次评估，得分从 4 分下降到了 3 分，或者从 4 分或 3 分下降到了 2 分），但是得分和其他症状相比仍然偏高。如果改变已经开始，你目前就处于良好的状态中。你只需要坚持下去，让时间证明一切。

如果你的症状一直都没有改善，有两个可能的原因，都和最初的暴露规则有关。首先，你预期在练习场景中会感觉不适，这和第三条暴露规则有关。你的暴露练习需要不断提升难度。和锻炼身体一样，你需要不断敦促自己取得新的进步。比如，你想参加 10 公里的长跑比赛，就不能将自己每次跑步的距离限制在 1.6 公里以内。你必须不断延长跑步的距离，直到你能跑完 10 公里以上的距离为止。暴露练习也是如此。如果你的治疗目标是完成每周的日用品采购，你就必须强迫自己去日用品商店购物，而不能仅仅满足于匆匆去一趟便利店这种短时间的活动，即使这和以前你要依赖家人才能去便利店相比，已经有进步了。事实上，你可能需要给自己更大一点的压力来克服这种回避行为，比如去仓储式超市或大卖场购物。

有哪些活动是你需要给自己更多压力才能顺利完成的？

_____

_____

_____

你还需要增加哪些暴露练习来进一步挑战自己？

_____

_____

_____

另一个原因和第五条暴露规则有关——在暴露练习期间不要采用"安全行为"。所谓的"安全行为"是指当产生回避冲动时你用来减轻消极情绪的所有行为。在第四周，我们已经讨论过在尝试暴露练习期间，或是在进行练习的前后饮酒等"安全行为"；我们也讨论过在进入暴露场景之前必须要有"暴露练习伙伴"陪同的"安全行为"。除此之外，还有很多类似"安全行为"的活动，它们都可能妨碍你的场景暴露练习取得成效。

识别"安全行为"

请找出你曾经在暴露练习中采用的、用以缓解消极情绪的"安全行为"。

- ☐ 携带药物
- ☐ 在做暴露练习前后或期间饮酒
- ☐ 携带武器
- ☐ 始终保持背靠墙壁的姿势
- ☐ 只走没有人的通道
- ☐ 坐在后排座位上
- ☐ 在一排座位中坐最靠边的位置
- ☐ 一直和出口保持较近的距离
- ☐ 在进入暴露场景前后或在场景中服用缓解情绪的药物
- ☐ 坐在可以看到出口的地方
- ☐ 只在白天外出
- ☐ 只在慢车道上开车
- ☐ 只在偏僻的小路上开车
- ☐ 只在朋友或家人的陪伴下做暴露练习
- ☐ 只在深夜做暴露练习
- ☐ 只在下班后做暴露练习
- ☐ 回避目光接触
- ☐ 穿厚重的衣服
- ☐ 反复检查物品
- ☐ 寻求安慰

☐ 反复洗手

☐ 数数

☐ 在社交聚会中一直待在角落里

☐ 其他：_____

☐ 其他：_____

☐ 其他：_____

这些"安全行为"中的任何一项都可能影响你的治疗成果。在未来的练习中，请尝试不采用"安全行为"。随着时间的推移，你可以逐渐摈弃这些行为，比如，你的安全行为是只能在晚上进行练习，那就逐步将白天的暴露练习安排得越来越晚，直到能晚上出门进行练习；或者干脆停止白天的暴露练习，将它们安排在午夜。

你打算如何戒除你的"安全行为"？

_____

_____

请确保将这些建议纳入"暴露练习追踪工作表（含干扰因素）"中。

▍风暴云 3：第 4 项或第 5 项描述的得分偏高

这两项描述中有一项或者两项描述的得分偏高，说明身体回避的困扰始终存在。我们在第六周中已经介绍过身体暴露练习。身体暴露练习，是指反复体验心跳加速、呼吸急促、眩晕、呼吸困难等身体反应，以打破消极情绪和身体反应之间的联系，从而减少身体回避行为。这些练习需要一段时间才能产生效果。在仅仅完成了一周的身体暴露练习之后，仍然会存在身体回避行为，是很正常的事情。但是，如果你有强烈的焦虑和恐惧感（担心心脏病发作或者中风），导致你无法顺利完成这些练习，请回顾第一周关于惊恐发作的相关描述。此外，惊恐发作和与之相关的身体反应是战斗或逃跑反应的一部分，这一反应机制是为了让你在面临危险的时候能够生存下来的，所以这些感觉不能、也不会伤害你。重复第六周的身体挑战活动，可以帮助你甄别哪些身体反应会持续引发你产生强烈的消极情绪和回避行为。

哪些身体反应会不断让你产生强烈的消极情绪？

_____

_____

_____

哪些类型的身体暴露练习可以用于应对这些身体反应？

_____

_____

_____

你要确保将这些建议纳入"暴露练习追踪工作表（含干扰因素）"中。

风暴云4：第5项描述的得分偏高

第五项描述的得分偏高，说明思维回避给你带来了持续的影响。和身体暴露练习一样，思维暴露练习也是我们在第六周才开始引入的练习，需要坚持一段时间才能看到效果。思维暴露练习是指将自己反复地暴露在创伤性记忆、令人痛苦的想法或回忆中。在仅仅尝试了一周的思维暴露练习之后，你仍然会出现思维回避，这个结果一点都不会让人感到意外。但是，如果你在尝试这些练习的时候遇到了困难，则可以通过改进以下几个方面来提升练习效果，改善相关的症状。

首先需要改进的地方是，暴露练习中记录或叙述性写作的详细程度。暴露练习应当局限于事件本身的细节及其直接后果。在复述的一开始就要尽量避免提及额外的信息。尽管你希望将所有细节都囊括进这部伤痛的"电影"中（比如使用一般现在时表述，以及有多种感官上的描述），但你一定不希望因为信息太多而喧宾夺主，或者因为信息太少而对事件描述得不完整，这两种做法都可能会限制你对暴露练习产生情绪化反应。鉴于第四周的暴露规则，在进行这些暴露练习产生过程中，你体验到的消极情绪应该会逐渐加重。如果消极情绪没有加重，但仍然存在思维回避的行为，你就需要对暴露练习的详细程度进行相应的调整。

其次需要改进的是，在进行思维暴露练习的过程中，复述事件的时候要全神贯注、专心致志。在尝试进行暴露练习期间，你应该保持高度专注，不能分心。这意味着你需要找一个安静而私密的地方来完成练习。在思维暴露练习中，思绪漂移到其他不相干的事情上也是很常见的现象。挑战这些回避行为的时候，你可以在录音和叙述性写作间来回转换,或者使用客观存在的线索,将你的思绪拉回复述中来。一种常用的方法是在手腕上套一根橡皮筋,在进行暴露练习期间,你可以时不时拉动橡皮筋提醒自己要专注。

最后需要改进的地方是,要将创伤性记忆、令人痛苦的想法或回忆公开。我要再次重申,思维回避是不断尝试停止回想某段经历,这多少会有些徒劳无功。你不能指望在告诉自己不要想一头粉色的大象后,就真的能不再想这头粉色的大象。因此,思维暴露练习的目的是通过不断复述这段经历来直面这些痛苦的记忆。在此之前我曾说过,用于克服思维回避的思维暴露练习可以在私下完成。但是这种练习不一定非要在私下进行。正如厄尔的例子所显示的那样,与他人分享你的创伤性记忆、令人感到痛苦的想法或回忆可能是对抗思维回避的一个强大而有效的方法。

哪些创伤性记忆、令人感到痛苦的想法或回忆会让你因为强烈的消极情绪而不断产生回避的冲动?

_____

_____

_____

你能用什么方法来完善思维暴露练习，以便进一步解决你的思维回避问题？

_____

_____

_____

请确保将这些建议纳入"暴露练习追踪工作表（含干扰因素）"中。

回顾上周的暴露练习

现在你需要对上周安排的暴露练习进行分析。在这个阶段，理想的状态是你此前的大部分暴露练习已经成了新的日常习惯。现在你去日用品商店购物，或者和朋友一起外出吃饭时，已经不需要将这些活动视作每周要完成的任务。事实上，这件你曾一度回避的事情，现在可能已经被你克服了。如果是这样的话，我要为你喝彩。我希望你和你的家人、朋友能为你的成功感到开心。他们的付出得到了回报。

但是，根据我的经验，到目前为止你还不太可能达成所有的治疗目标。在这里，我们要重点分析一下你的这些尚未达成的目标。

你上周的暴露练习进展得如何？请描述你的大致经历，写下最重要的几点。

_____

_____

_____

你根据自己的某种特定回避行为对暴露练习进行调整后，练习的效果如何？调整后的暴露练习是否对你更有帮助？它变得更难了，还是更容易了？

_____

_____

_____

与前面几周一样，我们还是要来分析一下你的暴露练习。为了省去你往回翻书的时间，我在下面列出了这些暴露练习的可能结果，以及对现存问题的解决方案。请回顾"暴露练习追踪工作表"，将你的练习结果按下列描述分类。

结果 1：你尝试了一些暴露练习，却没有体验到消极情绪

和前面的解释（尝试的暴露练习难度太低）相比，我认为出现这一结果的原因是，你的治疗成效影响了你对暴露练习的反应。尽管此前这些暴露练习可能会引发你产生回避的冲动和强烈的消极情绪（或者让你缺乏积极情绪），但现在它们已经不会对你产

生任何负面影响了。如果出现了这种情况，那么现在你应该从"回避行为记录表"中划掉这项暴露练习，然后查看你的进展，并进行其他暴露练习（如果还有其他暴露练习的话）。

如果这一结果和治疗成效没有关系，其他两种可能性是：你选择的暴露练习难度不够，或者采用了"安全行为"。在本周的开始，我们已经对"安全行为"进行了详细说明。因此，请你提升暴露练习的难度，降低"安全行为"的采用频率，或者摒弃你的"安全行为"，然后重新进行暴露练习。

结果 2：你尝试了一些暴露练习，但收效甚微

正如第五周所描述的那样，导致这一结果的原因可能是你不清楚自己为什么要回避该项活动。在开始暴露练习之前，你应该明确自己预期中的消极结果，以及测试这种结果的方法。比如，如果你担心晚上购物的时候会遭到暴力袭击，你就应当设置一个具体的时间范围，测试这段时间内是否会发生袭击事件。你需要多长时间或者多少次的练习才能测试出你预期的消极结果会不会发生？我们可以继续使用在夜晚购物的例子予以说明——你需要确定的是，要穿行几次昏暗的停车场，才能证明自己不会被袭击？完成了这些测试之后，如果你保证自己能完全接受这个最新的测试结果（你不会被袭击），并且不再因此而纠结，那么你的回避冲动和相关的消极情绪出现的次数就应该有所下降。

对于这个结果，前面我们曾经分析过另一种原因，即你尝试的暴露练习难度过高。但在现阶段，我认为这是其他原因造成的。因为一旦你完成了大量的暴露练习，这些练习就不能被称之为"难

度过高"了。这一点和之前的锻炼、长跑等例子中的情况不太一样。锻炼和长跑需要持续性的训练、监测，要逐步提升难度，而暴露练习只需要有尝试练习的意愿，以及用于挑战和从预期的消极结果中总结经验的时间。在现阶段，你尝试的暴露练习越难，收获的正面启示就会越多。

结果3：你尝试了一些暴露练习，却一无所获，以及结果4：你的暴露练习避重就轻

在现阶段，某些暴露练习让你感觉没有收获，也是很正常的。对于这个结果，我们此前分析过的原因包括需要增加难度，或者要在练习中停留足够长的时间，但是我认为现在出现了其他原因。尽管暴露练习是对抗回避行为和由此产生的消极情绪的强大工具，但有可能你受到了相关症状的干扰，无法有效地利用它。我们来研究一下这些干扰因素，因为它们可能是你在某些暴露练习中停滞不前的原因。

找出干扰因素

干扰因素是指那些致使你无法完成既定暴露练习的具体症状。尽管不是人人都会遇到这种情况，但是它们会降低练习的成效，因而会让一部分患者感到沮丧。这些干扰因素不是必要的外部因素，如可用的时间、交通工具、家人和朋友，而是与身体反应、思维或者行为有关的因素。

干扰你做暴露练习的内部因素是什么？

_____

_____

_____

_____

干扰因素 1：消极思维模式

消极思维模式会阻碍暴露练习，以及让人无法从中得到正面启示。消极的想法会让人感到沮丧，如"我的症状永远不会改善"，或者"我根本就不应该去尝试"；也可能会让人感到恐惧，如"如果我尝试了这个练习，我可能会死掉"，或者"如果我被堵在路上，我会火冒三丈"。这种想法通常会导致暴露练习持续的时间极短，因而效果不会特别好。形成消极思维模式是很常见的现象，随着暴露练习频次的增加，你会不断地测试预期的消极结果并从中获得正面启示，这种模式就会逐渐改善。但是当消极思维模式干扰到所有暴露练习的时候，你就需要格外注意，并要提出应对性的陈述以改善暴露练习及其相关的结果。

克服消极思维模式，首先需要在消极想法产生的第一时间发现它们。刚开始这样做时可能会有点难度，因为我们可能不一定会剖析自己的想法。你可以想象出一些卡通形象，如小天使（善意的声音）和小恶魔（邪恶的声音），它们站在你的肩膀上小声提醒你。这种方法可能会对你有所帮助。

你注意到了自己的哪些消极想法？在进行暴露练习之前、期间或者之后，你通常会产生哪些消极想法？

_____

_____

_____

一旦你发现了这些消极想法，你要立刻使用应对性陈述进行反击。你需要设法给小天使准备一些积极的应对性陈述，鼓励你坚持暴露练习，将站在你肩膀上的小恶魔击落下来。这些陈述包括任何可以帮助你快速进入主题的自我暗示——既不能过于消极，也不能过于积极。让我们再回头看看汤米怕猫的例子。如果汤米的小恶魔一直尖叫"离猫太近了它就会攻击我"，汤米可能永远也不会习惯和这只猫待在一起，更不用说抚摸它了（回避暴露练习）。但是，如果只陈述积极的一面，如"所有的猫都是温和友好的"，是不能准确描述这一场景的（尤其在这并不是事实的情况下）。因而找到积极想法和消极想法之间的平衡点非常重要，比如"虽然这只猫可能会挠我，但也不会让我身受重伤"，这种陈述既找到了消极想法和积极想法之间的平衡点，又鼓励了汤米参与暴露练习。

了解了这个过程之后，让我们来想办法让你做到这一点。首先，你在学习剖析自己的想法时不要操之过急。每一次暴露练习前你都要写下所有的消极想法，以及可能的反驳意见或者应对性陈述。手册中的"将应对性陈述纳入后的暴露练习表"（见手册第 24 页）可以帮你放慢这一过程的速度，鼓励你在每次暴露练习中追踪自己的想法。

通过训练，你在做暴露练习前预测消极想法、计划具体的应对性陈述等方面会越来越熟练。说得更简单一点，你会欢迎天使重新回到你的肩膀上，给你一点必要的帮助（应对性陈述），而当站在你另一个肩膀上的小恶魔发表蛊惑人心的言论时，你也有了勇气对抗，并能夺回暴露练习的话语权。最后，当你停止回避，回归正常生活的时候，你会把这个小恶魔赶走。

你可能会发现，将应对性陈述纳入暴露练习中后，手册中"暴露练习追踪工作表（包含应对性陈述）"（见手册第 25 页）便有了用武之地。"暴露练习追踪工作表（包含应对性陈述）"和前面的那些"暴露练习追踪工作表"稍有不同，增加了为暴露练习预先拟定应对性陈述这一内容。你可以先使用"将应对性陈述纳入后的暴露练习表"，等你能熟练使用应对性陈述的时候，再将它换成"暴露练习追踪工作表（包含应对性陈述）"。

干扰因素 2：睡眠障碍

睡眠障碍会消耗你的活力、降低你的动力和内驱力。事实上，人在缺乏睡眠时会出现和抑郁症相似的症状。睡眠质量不佳时你会有一种难以抑制的冲动——早上想赖床，坐在沙发上不想起来，白天要睡很长时间，等等。而白天不愿意活动、长时间睡眠可能又会导致夜间入睡困难。这样便会引发恶性循环。这些行为都和暴露练习频率过低相关，因此治疗成效也很低。尽管积极情绪暴露练习会对此有所帮助（为白天的所有时间都安排积极活动），但是，为了提升暴露练习的成功率,你可能还需要单独完成专门的睡眠练习。

睡眠障碍可能会影响暴露练习的成效,而本节内容就旨在解决这一问题。但事实上,几乎所有人都会从提高睡眠质量中获益,这和消极情绪以及能不能顺利完成相关的暴露练习无关。让我们先看几个关于睡眠质量的问题。

你的睡眠问题有哪些?请选择所有符合自身情况的陈述。
- [ ] 1. 入睡困难
- [ ] 2. 经常半夜醒来
- [ ] 3. 半夜醒来后不易入睡
- [ ] 4. 早上起床困难
- [ ] 5. 白天极度疲劳
- [ ] 6. 白天打盹
- [ ] 7. 睡眠时间过少(每天少于 7 个小时)
- [ ] 8. 睡眠时间过长(每天超过 9 个小时)
- [ ] 9. 晚上会检查门、窗、院子
- [ ] 10. 晚上会被最轻微的声音吵醒

鉴于我们已确定了你的睡眠障碍的类型,下面我们需要为它们选择新的治疗方案,提升你的睡眠质量和精力,从而提高你的暴露练习的成效。由于疲劳感会给暴露练习带来负面影响,我们将会重点调整与睡眠相关的行为,以减轻你的疲劳感。我们的目标是,通过成功地在练习中融入新技巧来提升你的精力和暴露练习的成效。

我们关注这些症状和相关的行为，主要原因是它们可能会降低患者对暴露练习的参与度，或者会致使患者无法在练习中获得正面启示。我们再回到第四周中汤米怕猫的例子上来。我们最初制定了一套可行的暴露练习帮助汤米克服消极情绪，比如，为了接近猫，汤米需要一次又一次地去朋友家。但是，假设汤米有睡眠障碍并因此而感觉疲惫。由于他太累了，需要睡午觉，或者他因为疲惫而缺乏动力，所以最终错过了很多与猫共处一室的机会。或者，汤米可能已经开始了暴露练习，但是由于疲惫，他无法集中精力，最终不得不缩短了暴露练习的时间。

这个例子在场景暴露练习中可能不太常见。更贴切的例子是，在一次积极情绪暴露练习中，练习者在电影院睡着了，所以没有体会到电影带来的乐趣。这两个例子中的暴露练习都不太可能特别有效。

下面我为你的睡眠行为列出了几条新的规则，我们称之为"睡眠卫生"。正如患龋齿后牙医会鼓励你保持良好的口腔卫生，患感冒后医生会鼓励你保持手部的卫生一样，我们鼓励你养成良好的睡眠卫生习惯，以改善睡眠质量、减轻日间疲惫感，提升相关的暴露练习成效。请仔细阅读下文，联系你在前文中的睡眠质量评估结果，关注适合你自己的规则。

改善睡眠质量的规则（请选择所有适合自己的选项）。

☐ 规划一个起床时间，每天都要一致（请填写具体的时间）：_____，还要设置好闹钟，起床时间不能比这个时间晚，哪怕一分钟都不行——你需要马上起床（不能摁"贪睡"按钮）。

这一条规则对改善第1、2、3、4、5、6、7、8项陈述中的情况有帮助。

☐ 不能再打盹了，无论时间长短。只能在设定的就寝时间和起床时间之内睡觉。对于"休息一会儿眼睛"，以及长时间处于半睡半醒和非活跃状态（如长时间躺在沙发上看电视）等情况，这条规则同样适用。

这一条规则对改善第1、2、3、6、7、8项陈述中的情况有帮助。

☐ 午饭之后不能喝咖啡，就寝前一小时内不能吃东西、喝饮料。

这一条规则对改善第1、2、3、7、10项陈述中的情况有帮助。

☐ 在就寝前设定一段安静时间（请填写具体的时间）为入睡做准备：＿＿＿＿＿，同时安排一些活动（填写让人昏昏欲睡的活动，不能看电子屏幕）：＿＿＿＿＿＿＿＿＿。安静时间内的活动不能在床上进行，并且不能是特别积极活跃的活动。比如，你可以读一本乏味的书，或者把餐具从洗碗机里拿出来。不要参与任何会引发消极情绪的活动，比如检查门窗是否锁好、看窗外有无异常等。

这一条规则对改善第1、5、6、9项陈述中的情况有帮助。

☐ 只有当你累了的时候才上床睡觉，但是要试着规划好一致的就寝时间，大致为（请填写具体的时间）：＿＿＿＿＿＿。不要因为感觉疲惫而早于这个时间就寝。强迫自己等到这个时间再上床睡觉。

这一条规则对改善第1、2、3、5、6、7、8、10项陈述中的情况有帮助。

169

☐ 关掉所有的灯和电子设备（绝对不能在床上看电视），把睡前读物放在一边，打开可以发出噪声的设备（打开手机应用软件或者收音机，播放白噪声）。

这一条规则对改善第1、2、3、4、7、10项陈述中的情况有帮助。

☐ 在床上的清醒时间不要超过20分钟。如果你睡不着，回到第四条规则，进行一些睡前活动，直到你再次感觉累了。不要进行任何检查性的活动（不要检查门窗是否锁上，或者看窗外有无异常）。然后回到床上，再躺20分钟。必要时可以重复以上的步骤，训练你的身体，使之形成条件反射——上床就是为了睡觉，不能醒着躺几个小时。

这一条规则对改善第2、3、4、5、6、9项陈述中的情况有帮助。

请务必将这些新的行为和规则纳入你的日常睡眠习惯中。一旦养成习惯，它们就能帮你有效地改善夜间的睡眠质量，减少白天的疲惫感。有一点需要注意：不存在最佳的睡眠方式。我们每个人对睡眠的需求都是略有不同的。在有噪声的环境中，你也许能够入睡（或者会难以入睡）；但是，你绝对不应该尝试在卧室开着电视睡觉。而且你并不需要一开始就在习惯中并入所有的新规则。你可以尝试每次增加一条，看看哪些规则对你最有效。但是无论你使用什么方法，改善睡眠质量、缓解白天的疲惫状态，对于帮助你停止回避，回归正常生活都是非常重要的。

为了消除睡眠障碍和白天有疲惫感的潜在影响，你可以使用手册中的"暴露练习追踪工作表（含睡眠追踪）"（见手册第 26 页）来追踪自己的睡眠状态和疲惫程度，以及它们对暴露练习的影响。如果你发现自己的暴露练习在睡眠质量差、极度疲惫的时候进展得不太顺利，你应该设法将更多新的睡眠规则纳入你的日常习惯当中。

干扰因素 3：酗酒

尽管酗酒在前文中被视作"安全行为"，但它本身也可能导致暴露练习频次减少以及效果较差。事实上，酗酒还可以被归为另一类回避行为，这类行为会引发更多的消极情绪。你可能需要额外的评估和练习来控制酒精摄入量，从而提升暴露练习的效果。

比如，如果你现在每周饮酒 15 罐或以上，而你担心这可能会给你的生活（在工作、人际关系和法律上）带来重大问题，那你很可能会因为严重的酗酒而需要专门的治疗。

就本治疗方案而言，我们将聚焦于另一种情况，即不会造成工作、法律或社会问题的轻度酗酒行为。我们关注的是：酗酒是否干扰了你的消极情绪，从而降低了相关暴露练习的成效。事实上，酗酒通常被宣传为应对消极情绪的良方，人们会"一醉解千愁"。如果你会在以下情况中喝酒，本节内容可能会对你有所帮助：①在暴露练习开始前（如你在参加通常会回避的集体外出活动之前先喝几杯酒）；②在完成暴露练习的过程中（如你会在一场人头攒动的运动赛事中喝几杯酒让自己镇静下来）；③在暴露练习结束之后（如当你完成一项让人倍感压力的、针对创伤性记忆的思维暴露练习之后，喝杯酒让自己放松一下）。相比较而言，如果你每天只喝少于

2罐的酒,那么这种习惯和你的消极情绪以及暴露练习是毫不相干的,你就不必担心了。

鉴于酗酒的特殊性,汤米怕猫的例子中所应用的方法在这里已经不再适用了。让我们想象有一个叫菲利普(Phillip)的成年人,他对社交场景会感到焦虑,并会予以回避。在治疗过程中,场景类暴露练习的目的是消除他的消极情绪;然而,菲利普的焦虑情绪在做暴露练习前就开始逐渐攀升了,于是他借助酒精让自己镇定下来。菲利普在参加集体外出活动的时候通常处于微醺状态,这不但对他的身体造成了潜在的伤害,也可能会导致法律问题(如醉酒驾驶)的产生,同时还使他的暴露练习效果大大下降(这样他学到的就是自己需要喝酒才能面对消极情绪)。简而言之,菲利普喝酒不但没有为他分忧解愁,反而让他倾向于选择持续性的酗酒,同时面临了相应的风险。

让我们先来了解一下你在酗酒方面的问题。

酗酒如何干扰你的消极情绪?

_____

_____

酗酒(在进行练习的前后和期间)是如何干扰你进行暴露练习,以及让你无法从中获得相关的正面启示的?

_____

_____

解决酗酒问题的第一步就是每日都进行监测。我希望在接下来的一周里，你能将相关的情况记录在"酗酒情况追踪表"上。尤其要注意在酗酒前后出现的行为、诱因和消极情绪。我最感兴趣的是你在酗酒方面的整体情况，以及你如何借助它来应对回避行为和消极情绪。当然，我对你在进行暴露练习前后和期间采取这些行为的情况尤其关注。在这些情况下，酗酒有可能会加重你的消极情绪，同时削减暴露练习的效果。"酗酒情况追踪表"（见手册第 27 页）可用于监测你日常的酗酒情况。

一旦收集了自己酗酒的频率、摄入量、诱因等信息，了解它们对消极情绪和暴露练习的影响，你就需要在后面的暴露练习中增加新的策略以减少自己对它的依赖。你可以尝试以下几种策略。

设置总摄入量上的限制：当总摄入量有问题时（每天喝酒超过 2 罐；每周喝酒超过 14 罐），我们就需要为你设置日摄入量的上限。比如，通常我们会设置每周可以饮酒的天数、每天饮酒的罐数，以及每周饮酒的总罐数。当酗酒程度属于轻度到中度时，摄入量的变化可能不会太明显。但当酗酒程度比较严重时，则要大幅度降低摄入量，并且要随着时间的推移逐步实施。先要根据推荐的摄入量设定饮酒量上限（每天不超过 2 罐；每周不超过 14 罐），并且要持续监测每天的饮酒量，以追踪你的进步，并强化你对自己的总饮酒量的认知。但如果你仍然无法克制饮酒的冲动，则需要考虑寻求更多的专业性帮助。

设置时间和地点上的限制：如果你会在暴露练习前后和期间饮酒，我们就需要把重点放在你饮酒的时间上，并且要设定限制。我们可以分两步走。第一，你需要监测自己的总饮酒量，并且要设定时间限制：在暴露练习前后的一小时内及练习期间不能饮酒；第二，将暴露练习的场景改为你可以有效地控制饮酒冲动的地方。

比如，人多的地方通常会让你感觉不适，引发饮酒的冲动，你就需要将和人群相关的暴露练习限制在不太可能提供酒水的地方（如家庭电影院），而非提供酒水的场所（如保龄球馆）。建议回避不是我的一贯做法，这只是一种临时性的策略，目的是增加你在更安全的场景中进行暴露练习的机会（没有酗酒的诱因），减轻消极情绪，消除饮酒的冲动。随着时间的推移，当你能够更好地控制饮酒冲动以及相关的消极情绪时，再增加存在潜在诱因的暴露练习，这时候，你酗酒的风险就会变得更低。

为了促成这些变化的发生并监测它们的进展，我们在你的"暴露练习追踪工作表"中添加了两列新的内容，形成了手册中的"暴露练习追踪工作表（含酗酒因素）"（见手册第 28 页），以便帮你更好地识别可能的诱因，做好相关的规划。

干扰因素 4：慢性疼痛

如果你患有慢性疼痛，你的治疗方案中就应该考虑这个因素。任何慢性疼痛都可能导致患者丧失参加活动的能力，尤其是有一定难度的活动（如暴露练习）。事实上，慢性疼痛不但会减少人参与活动的能力和精力，加重整体的挫折感，还会使人们产生更多的消极情绪（沮丧和愤怒）。尽管积极情绪暴露练习对减缓慢性疼痛有一定的效果（全天专注于积极活动以转移对疼痛的注意力、增强参与活动的能力），但是你仍需要增加针对疼痛的特定练习，以克服与疼痛相关的回避行为，提升暴露练习的参与度。慢性疼痛还会增加暴露练习的难度，最终可能导致你有很多暴露练习计划都无法实现。无论你有哪一种慢性疼痛，它都可能加重你的消极情绪和回避冲动。

很遗憾，由于慢性疼痛本身的特点，汤米怕猫的例子中所述的方法在这里也不太适用。让我们想象一位身患慢性疼痛的成年女性莉萨（Lisa）。莉萨非常喜欢狗，但是由于背部和膝盖的慢性疼痛逐渐加剧，她不得不减少和狗一起玩耍的时间。从前，她喜欢遛狗，会遛很远的距离，还喜欢和她的狗一起奔跑嬉闹，一起玩"我扔你捡"的游戏，但现在这些活动都会加剧她的疼痛。由于她减少了遛狗和陪狗玩耍的时间（这是她的主要身体活动），她的整体运动量大大减少了，而身体上的僵硬感和疼痛感也随之加重。久而久之，她患上了抑郁症，不得不接受治疗。她的医生希望她尝试积极情绪暴露练习，以提升积极情绪，降低消极情绪。但是，莉萨不愿参加任何带有身体运动的积极活动——同时也拒绝参加任何的非身体活动，因为她从前一直喜欢身体活动，非身体活动让她提不起任何兴趣。最后，莉萨终于下定决心尝试身体活动。她强迫自己在沙滩上遛狗，并遛了很长的距离，但由于这项活动超过了她当时的身体耐受极限，她膝盖的疼痛加剧了，并且持续了两天的时间。

根据上面的例子，回答下列关于你的慢性疼痛和身体极限的问题。

你身体的哪些部位有慢性疼痛？

_____

_____

慢性疼痛如何影响了你的消极情绪和回避行为？

_____

_____

慢性疼痛如何妨碍了你成功完成暴露练习？

_____

_____

和前文中你采用过的治疗步骤类似，首先你需要提升对与疼痛相关的身体反应、想法和行为的认知。我希望当你发现自身的疼痛和你正在做（或者没有去做）的活动相关的时候，你能随时将这些症状记录下来，因为这些与疼痛相关的行为和回避行为是解决问题的关键，这个时候，你可以填写"自我监测工作表：疼痛三要素"（见手册第 29 页）。

正如莉萨的例子所显示的一样，与疼痛相关的回避会极大地干扰暴露练习的结果，通常表现为患者会回避所有可能引发身体疼痛的场景。常见的两种情形如下：①回避曾经喜欢但现在会引发疼痛的活动，如长距离的遛狗；②参与某项活动时没有量力而行、调整自己的节奏，导致在等待身体恢复的数天内无法参与活动。在这两种情况中，和疼痛相关的回避都是由于积极活动的参与度下降造成的。场景类或其他包括身体活动的暴露练习（如在拥挤的商店中穿行）减少时也会出现类似的情况。为了进一步提升暴露练习的治疗成效，你需要在治疗方案中增加疼痛管理方面的内容。具体来说，我们将会找出你因为疼痛而回避的活动或者场景，然后有针对性地调整你的暴露练习方法，以解决这种疼痛引发的回避问题。

让我们再回到莉萨的例子上——她由于背部和膝盖的慢性疼痛而回避遛狗。一开始，由于之前的日常身体活动会引发疼痛，所以莉萨不愿遛狗。考虑到她身体上的局限性，为了让她坚持进行锻炼和暴露练习，我们增加了一些替代方案。首先，鼓励莉萨在不引发剧烈疼痛或持续性疼痛的前提下，根据其自身的承受能力决定遛狗的时间和距离。此前她的遛狗时间通常为 1 小时，但我们鼓励她从 5 分钟开始，并且让她在监测疼痛的同时，逐步增加遛狗的时长。经过几次尝试，莉萨发现：在疼痛可以忍受且不会持续的情况下，她可以遛狗 20 分钟。其次，我们使用头脑风暴法为莉萨找到了一些替代的方法。通过这些方法，莉萨可以和狗玩耍，同时，这些活动引发疼痛的风险也大大降低了。比如，在和狗一起玩"我扔你捡"的游戏时，莉萨不再需要冒着身体受伤的风险将球扔到很远的地方，而是可以用抛球枪将球抛出去。通过这些改进方法，莉萨终于可以遛狗、和狗一起玩"我扔你捡"的游戏了。总之，她又可以享受和狗一起玩耍的快乐时光了，同时也大大降低了由此引发慢性疼痛而导致她无法参与活动的风险。

在未来的暴露练习中，我们将会使用和此前稍有区别的"暴露练习追踪工作表（含疼痛因素）"（见手册第 30 页），其中有两列新的内容，用以确认你的暴露练习与疼痛的关系（如果符合你自身情况的话），以及你应对与疼痛相关的回避行为的策略。请参考示例安排接下来的暴露练习，并且你要考虑到对疼痛的管理。

在这些干扰因素的共同作用下，你的回避行为对情绪的负面影响将会更加严重。首先需要保持警惕，尤其在你的暴露练习不太成功的情况下；其次需要说明的是，只有当这些干扰因素确实对你的暴露练习造成了不良影响的时候，它们才是值得重视的，换句话说，睡眠障碍和慢性疼痛是很常见的，如果这些症状导致你无法顺利完成暴露练习，我们就需要解决这个问题。在本周的计划（即新的"暴露练习追踪工作表"）中，请你重点审视这些干扰因素，确定你是否需要采取额外的措施以达到自己的治疗目标。

计划下一周的暴露练习

现在又到了为下一周暴露练习拟定计划的时间了。本周我们的重点是解决问题。在前面的几周中，你回答了调查问卷，并且应该已经找出了一些解决办法，这是你的暴露练习取得成功的重要基础。请将那些建议应用到本周的暴露练习中。和前几周一样，你需要参考"回避行为记录表"和现有的治疗目标，为下一周安排新的暴露练习。所有这些资料都会为你的暴露练习提供宝贵的信息，将这四种回避行为从你的生活中清除。

请使用手册中的"暴露练习追踪工作表（含干扰因素）"（见手册第31页），或者经过调整、用于排除特定干扰因素的工作表（本周已经介绍过了）来安排你的暴露练习。

制定了暴露练习计划之后，你需要再次使用此前行之有效的策略来落实你的时间安排：在手机上为这些暴露练习项目设置日程提醒，在房间里贴上提示自己的便利贴，给和这些计划有关的人发送信息。请注意，此时回避行为这个恶棍非但没有放弃阻碍你进行练习，还可能和那些阻止你全身心投入练习的特定干扰因素沆瀣一气。不要放过任何一项由于受干扰因素的影响而不太成功的暴露练习，调整策略，排除这些干扰。总之，无论如何你都要坚持走下去，因为你马上就会迎来治疗之旅的最后一周了。

小结

前几周我们都会使用相同的模式来检查你的症状、回顾你的暴露练习。而本周我们对那些仍然在加重的特定症状进行了更深入的探究。无论是情绪低落、积极情绪回避、重度焦虑，还是身体回避，重要的是将暴露练习的重点放在最需要改善的领域。另外，我们回顾了你前一周的暴露练习，并且提出了一些改进策略。我们介绍了暴露练习的几种干扰因素，包括身体反应（慢性疼痛）、思维（消极思维模式）和行为（酗酒和睡眠障碍）。尽管这些改进策略旨在解决问题、提升暴露练习的成效，但一些策略本身还能带给人们意外的收获。比如，改进后的睡眠策略可以帮助所有饱受睡眠障碍困扰的人养成良好的睡眠习惯。请考虑在自己的暴露练习中纳入这些策略，它们一定会对你大有裨益。

下一周将是你的最后一段治疗之旅。我们将会回顾你所取得的成就，将它们与你最初设定的目标，以及应用本治疗方案的常见成效进行比较；我们将会介绍一些防止回避行为复发的策略，帮助你保持现有的治疗成效，防止你的消极情绪死灰复燃；我们还将讨论在本轮治疗结束后你仍有遗留症状时需要采取的措施。在一切顺利的情况下（和你坚持不懈的努力下），你这次治疗之旅的结束将意味着你已经终止了自己的回避行为，重新回归正常生活了。如果真是这样的话，你未来的人生之旅将会重新充满乐趣。

第八周

防止症状反弹

WEEK 8

欢迎来到最后一周。从上一周开始，你一直在磨炼自己的暴露练习技巧，并通过逐步提升认知和潜在的适应能力来克服这四种回避行为。通过本周的练习，你的暴露练习应该可以达到专业水平了。本周我们将首先回顾上一周的学习内容，并借此机会做最后一次的症状自查，然后剩下的时间我们将会讨论你的进展情况，以及我们最初设定的治疗目标。无论是在影视作品中，还是在现实生活中，所有通往目的地的路都不会是一步登天的。所以，请准备好坦诚地回顾你的进展情况。如果你遭遇羁绊、一时疏忽，因此再次选择了回避策略，那也没有关系，我会为你提供应对失误的办法。

最终症状评估

现在我们需要完成对上一周的评估。请用"症状自查表"（见手册第 7 页）进行打分，同时将分数和今天的日期填入 "症状追踪表"（见手册第 32 页）中。这将是你对症状的第六次也是最后一次打分。我希望你能从这些分数中看到症状在每周、每月，或者从治疗开始到治疗结束的这一过程中的改善。

将症状改善情况绘制成图

你已经完成了所有对症状的评分，现在你需要将自己的治疗进展绘制成图，以获得直观的结果。请将"症状追踪表"（见手册第 32 页）上的分数绘制到下图中。在图 8.1 中，Y 轴（垂直方向）代表症状的严重程度，而 X 轴上的各个坐标点（从左向右）依次表示不同时间的评估点。在相应的评估点上标出你的得分，然后将所有的点连成曲线，绘制出表现症状动态变化的曲线图。

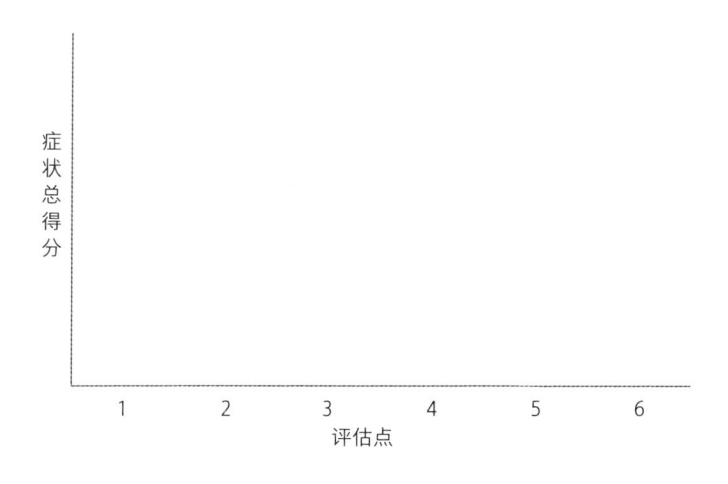

图 8.1 症状的发展

通过查看每一周的"症状自查表"，或者反思跟着本书的学习进度一路走来的亲身感受，你很可能已经对自己的治疗进展情况有所了解。但是我发现，如果能真正地看到分数及其变化的过程，对你将会有更大的帮助。

看一看你绘制的这张图（图 8.1），在治疗期间，你的症状分数呈现了怎样的变化趋势？

_____

_____

该症状分数的变化情况与你接受治疗时的预期是否一致？原因是什么？

_____

_____

尽管我无法看到你的分数，但我推测，通常情况下，患者在治疗结束时会问自己一个问题：为什么我的分数最后不是 0？在回答这个问题之前，我们应该先讨论一下此类治疗方案中的"预期"症状反应。我们先来看看图 8.2。

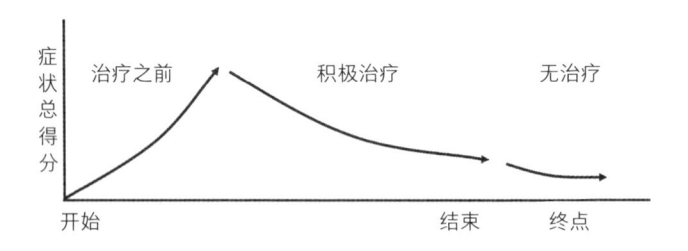

图 8.2 治疗的三个阶段

如图 8.2 所示，治疗有三个阶段。第一个阶段描述了治疗开始前你的症状的严重程度。症状会随着时间的推移逐渐加重，最终让你不得不寻求帮助——你一定记得，这就是你学习本书第一周内容之前的感受。第二个阶段是主动治疗阶段——该阶段就是整本书中以周为单位的治疗之旅，我们已经坚持下来了。我希望现阶段你的症状变化模式和图 8.2 相似。也就是说，刚开始你的症状很严重，随着你参与治疗、不断达成治疗目标，症状的严重程度稳步下降。但是请你注意主动治疗阶段的结束点：尽管在这一阶段的起点位置，你的分数很高，但是结束点的分数（即 Y 轴的最低点）不是 0。

治疗会在你的症状分数降到 0 之前结束，为什么？

答案是，分数降到 0 的时间因人而异。虽然一部分患者的症状分数能很快降到 0，但是大多数患者的情况是：他们在治疗阶段取得了重大的进步，并且在治疗结束后的数月乃至数年之后，症状仍然会有持续的改善。重要的是你在治疗过程中已经学会了改善症状的必要技巧。借助每一周的常规练习，你会不断地完善这些技巧，追逐自己的治疗目标（希望你的目标已经达成了）。在这一过程中，你逐步恢复了正常生活，不再受到回避行为的干扰。这一进程或者这种变化才是本治疗方案中最为重要的部分，它将在未来较长的一段时间内保护你远离那些症状的影响。你已经学会了这些技巧，所以不会忘记怎样运用它们。正如图 8.2 中的"无治疗阶段"所示，只要你坚持练习（或者只是回归正常生活，不再回避），你的症

状就会越来越轻。

我们还可以从另一个角度来看待你的治疗进展。我们可以把治疗过程和在学校上课相比较，比如学习汽车维修。你最初对这门课程一无所知（即症状很严重）；你每周都会在课堂上学习新的技巧（即学习每一周的内容）；你会亲自动手在汽车上操练这些技巧（即完成每周的练习——暴露练习）。每听完一堂课，每完成一次实操，你在修理汽车方面的知识和技巧就会提升一些，对未来的工作也会更有信心（即症状减轻，暴露练习的成功率得到了提升）。当课程结束后，你也许还不能被称为技艺超群的机械师，但是你已经具备了完成基础汽车修理工作的必要技能，以及自己尝试并且学习新的维修技巧的能力（即了解重要的症状，并获得继续独自完成暴露练习的能力）。只要你定期练习维修技巧（即杜绝回避行为），你就永远不会忘记这些技巧。而随着时间的流逝，你的技术会越来越精湛（即症状持续性地减轻）。

现在你已经学完了针对消极情绪的自我治愈课程。你已经深入学习了消极情绪、影响消极情绪发展的主要机制，以及它们对生活的负面影响（引发回避行为）。如果你能坚持不再回避，一往无前地追求自己想要的生活，你就会不断进步。

▎最后检查目标的达成情况

判断治疗方案成功与否时，症状有无变化无疑是决定性的因素。但是，我认为治疗目标达成与否更为重要。从治疗的最初阶段开始，我们一直聚焦于你的可观察行为。这些行为（或者不作为）证明，消极情绪及其引发的回避行为给你的生活造成了重大的困扰。现在请花一点时间将书翻回第二周，回顾一下你所有的治疗目标。每一个治疗目标都包含了一个总体目标，以及一个具体的可观察、可测量的变化。你可以回想一下摄像机的例子，我们曾用它来确定那些你需要进行改变的地方。现在，让我们回到这个问题上来，并对它稍作调整。

如果有人带着摄像机跟在你的周围，他们如何能知道你不再受到抑郁、焦虑或压力的困扰？他们会看到什么，能证明你已经克服了抑郁、焦虑或压力所带来的困扰？

让我们具体回顾一下你的每一个治疗目标的达成情况。请为每一项选择你的答案。

治疗目标1：
○明显加重 ○轻微加重 ○没有变化 ○轻微改善 ○明显改善
治疗目标2：
○明显加重 ○轻微加重 ○没有变化 ○轻微改善 ○明显改善
治疗目标3：
○明显加重 ○轻微加重 ○没有变化 ○轻微改善 ○明显改善
治疗目标4：
○明显加重 ○轻微加重 ○没有变化 ○轻微改善 ○明显改善
治疗目标5：
○明显加重 ○轻微加重 ○没有变化 ○轻微改善 ○明显改善
有些目标你是否还没有完全达成，你是否仍然希望继续改善某些症状？如果是这样，你将如何实现这些改善？

_____

_____

正如我在这本书中反复提到的那样，这个治疗方案既不是一成不变的，也不是最终方案，而是旨在教你用一种新的方法来对待自己的日常活动。我希望通过这些练习，你已经实现了诸多改变，并且，由于你已经不再回避，重新开启了正常的生活模式，更多的变化也将指日可待。但是，要实现未来的改变，你必须摈弃之前的回避行为，开启没有回避的、崭新的生活模式。比如，当你不再回避、直面生活的时候，你的目标可能是学习滑冰、逐一探索美国多个州立公园的奥秘，或者你终于鼓起勇气前往梦寐以求的罗马度假了。当回避不再成为你的羁绊时，一切皆有可能。

注意警告信号

当你完成了图 8.1 的绘制（症状的发展），并且感受到症状的改变（以及今后可能发生的改变）所带来的愉悦之后，你可能会注意到，有几周，你的消极情绪和回避行为卷土重来了。在主动治疗阶段，这是很常见的现象，不需要给自己太大的压力。但是，在结束我们的协作之前，学习如何防止症状死灰复燃对你来说非常重要。尽管本治疗方案结束后症状复发的情况很少见，但是在特定的情况下也是有可能发生的。

症状（及回避行为）复发的最常见原因，往往是生活中出现了强大的生活压力源。正如图 1.1 所示，这些压力源可能和最初导致回避行为的压力源相似。无论是重大的疾病、经济负担,还是社交网络的变化(离婚、爱人的离世、搬家或退休),都可能重启消极情绪和回避行为的恶性循环。

这些症状在复发之前往往会出现一些警示信号。表 8.1 列出了常见的警示信号。明智的做法是重新让自己熟悉这些信号,一旦它们出现,你就可以很快识别它们。

表 8.1 常见的警示信号

消极情绪	回避行为
焦虑	场景回避(回避商店、餐厅、公路)
抑郁	身体回避(回避锻炼、走楼梯、游泳)
恐惧	思维回避(回避谈论创伤性的、痛苦的记忆)
内疚	积极情绪回避(回避社交聚会、业余爱好、去教堂、锻炼身体)
愤怒	"巧妙的回避行为"和"安全行为"(坐在远离人群的地方,去商店购物时来去匆匆)

保持警惕、预防症状复发的另一个方法是,坚持定期填写症状自查表。这是在实施本治疗方案期间你一直在使用的表格,本周开始时,我们曾经建议你把自己的所有得分和日期(即症状的发展情况)绘制成图(即图 8.1)。你可以多打印几份"症状自查

表",每六个月填写一次,或者当你发现自己身上出现警示信号时,就填写一次。还有一个不错的方法是,安排自己在未来的某个具体时间用"暴露练习追踪工作表"完成一次自查。如果你习惯使用日历,就在日历上直接标注出时间,或者用手机设置好提醒。尽管偶尔采用场景回避行为是正常的现象(比如,辛苦工作了一周之后,周六便在家里休息),但如果偶尔的回避行为变成了一种常态,就应该引起你的警觉。你可以再填写一次症状自查表,并与你在本周所绘制的图 8.1 进行比较,如果所有的警示信号都出现了,你就需要回顾前面几周的内容和暴露练习。通过这种方式,你可以采取措施防止回避行为再次夺回控制权。

小结

本周重点介绍了如何将症状的发展情况绘制成图(即图 8.1),以及如何对特定治疗目标的进展进行横向比较。本周强调的是你在行为方面的改变(在摄像机视角下的改变),而非你在感觉中的改变(你的"症状自查表"中的评分不太可能是 0,因为你不太可能完全没有症状)。我们已经讨论过,如果你坚持练习,并且将这些方法应用到日常生活中,不再采取回避行为,你的症状将会得到稳定的改善。我也提醒了你,要坚持定期使用"症状自查表"监测自己的症状,留意症状恶化的警示信号。当你的生活出现了强大的压力源,或者重大变故(比如,罹患迁延不愈的疾病或者身受重伤）的时候，这种自我检查尤其重要。我希望并期待你从本书中学到的技能，以及你完成的练习已经给你的生活带来了重要而积极的改变，这些改变即使不能永远陪着你，至少也会伴随你多年——因为你已经停止了回避，回归了正常的生活。

结语

回望来时路，行向更远处

你成功了！

现在到我们说再见的时候了。我希望你喜欢这本书，更希望你会认为这本书让你受益良多。读完这本书，你应该能够更准确地识别自己的消极情绪，以及与之相关的回避行为，对两者之间的联系也能更加明晰。对于暴露疗法，你应该已经耳熟能详，对于通过它来克服回避行为，减缓消极情绪，提升积极情绪，你应该也可以做到游刃有余。尽管暴露练习并不像听上去那样简单，你还是学会了将它们应用到不同类型的回避行为当中（场景类、身体反应类、思维类和积极情绪类），也学会了通过排除干扰性的症状（消极思维模式、睡眠障碍、酗酒和慢性疼痛）来提升暴露练习的成效。通过持续不断的努力，你在实现"停止回避，回归正常生活"这一目标方面已经取得了长足进展。这些工具将会在未来的数年中持续给你带来裨益。

如果本治疗方案无法达成你的目标

我坚信，绝大多数尝试了本书的治疗方案，并且从始至终坚持到现在的患者都会获得成功。多年以来，我用这种方法已经治愈了数百名患者，而我所教授的数百名心理医生也正在用它治疗自己的患者。我真心希望能把这些年我听到的神奇治愈故事悉数分享给你们，但是本书篇幅有限，需要再写几本书才能涵盖所有内容。因此，在本书中我只分享了马克、凯莉、厄尔和帕特里夏等几位患者的故事。我希望你能和他们一样有所斩获。但是我必须承认，没有一种治疗方案是万能的。自我治疗方案有很多优点，比如患者可以根据自己的具体情况来决定什么时候结束治疗；不需要每周开车去医生的办公室治疗，也不需要支付每周的治疗费用。但它同时也有局限性：无论作者怎样妙笔生花，在书和读者之间，都无法产生现实生活中医生与患者之间的那种互动效果。正因为如此，你可能会在读完这本书后寻求新的治疗。换言之，为了达成你的治疗目标，下一步你可能需要寻求其他治疗方案，比如精神疾病药物治疗，或者调整你现有的药物治疗，等等，从而继续你的这场克服消极情绪以及相关回避行为的旅程。

如果你选择继续寻求治疗，那么关于如何选择心理医生我有几点建议。如果你认可我的治疗方案，你需要重点搜索擅长循证心理治疗（evidence-based psychotherapy）的医生，比如使用认知行为疗法（cognitive behavioral therapy，CBT）的医生。循证心理治疗是系统化的、以目标为中心并以当下为导向的治疗方案。使用CBT的医生们会帮你识别有问题的情绪、思维和行为，为你设定需要改变的目标和对象，致力于改变现状以达成你的目标。在搜索过程中，你需要深思熟虑，仔细甄别，因为治疗方案种类繁多，而每个医生所擅长的领域也各不相同。总之，请选择一位擅长类似治疗方案的心理医生，并考虑面诊时将本书带上，以便回顾对你而言哪些方法的疗效较好，哪些方法不太理想，从而为医生提供一个针对治疗方案的无缝衔接点，引领你继续"停止回避，回归正常生活"的治疗之旅。值得注意的是，如果你的医生花了很长时间询问你的童年生活（回溯疗法），更多时候是在倾听你诉说（支持性心理治疗），而不是给你更多的引导和建议，或者强调呼吸和放松技巧（松弛疗法），而不是改变思维或行为模式，那你就应该更换其他医生。

谢谢，再见！

感谢你的阅读。我希望这本书对你追求积极主动、乐观向上（摈弃消极情绪和回避行为）的人生会有所帮助。如果它确实帮到了你，我鼓励你利用自己所学的知识，借助同样的方法帮助周围的人停止回避，回归正常生活。无论是分享本书的内容，还是分享你从这场自我治愈之旅中领悟到的最有用的启示，帮助他人都将为你和你所帮助的人带来积极情绪，让你们共同受益。

参考文献

B. E.Bunnell & D. F. Gros (2017). "Transdiagnostic behavior therapy (TBT) for generalized anxiety disorder", *International Journal of Case Studies*, 6(7): 1–8.

D. F. Gros (2014). "Development and initial evaluation of transdiagnostic behavior therapy (TBT) for veterans with affective disorders", *Psychiatry Research*, 220(1-2): 275–282.

D. F. Gros (2015). "Design challenges in transdiagnostic psychotherapy research:Comparing transdiagnostic behavior therapy (TBT) to existing evidence-based psychotherapy in veterans with affective disorders", *Contemporary Clinical Trials*, 43: 114–119.

D. F. Gros (2019). "Efficacy of transdiagnostic behavior therapy (TBT) across the affective disorders", *American Journal of Psychotherapy*, 72(3): 59–66.

D. F. Gros & N. P. Allan (2019). "A randomized controlled trial comparing transdiagnostic behavior therapy (TBT) and behavioral activation in veterans with affective disorders", *Psychiatry Research*, 281: 112541.

D. F. Gros, N. P. Allan & D. D. Szafranski (2016). "The movement towards transdiagnostic psychotherapeutic practices for the affective disorders", *Evidence Based Mental Health*, 19(3): e10–e12.

D. F. Gros, C. Merrifield, J. Hewitt, A. Elcock, K. Rowa & R. E. McCabe (2021). "Preliminary findings for Group Transdiagnostic Behavior Therapy for affective disorders among youths", *American Journal of Psychotherapy*, 74(1): 36-39.

D. F. Gros, C. M. Merrifield, K. Rowa, D. D. Szafranski, L. Young & R. E. McCabe (2019). "A naturalistic comparison of group transdiagnostic behavior therapy (TBT) and disorder-specific cognitive behavioral therapy groups for the affective disorders", *Behavioural and Cognitive Psychotherapy*, 47(1): 39–51.

D. F. Gros & M. E. Oglesby (2019). "A new transdiagnostic psychotherapy for veterans with affective disorders:Transdiagnostic behavior therapy (TBT)", *Psychiatry:Interpersonal and Biological Processes*, 82(1): 83–84.

D. F. Gros, M. E. Oglesby & N. P. Allan (2020). "Efficacy of transdiagnostic behavior therapy (TBT) on transdiagnostic avoidance in veterans with emotional disorders", *Journal of Clinical Psychology*, 76(1): 31–39.

D. F. Gros, D. D. Szafranski & S. D. Shead(2017). "A real world dissemination and implementation of transdiagnostic behavior therapy (TBT) for veterans with affective disorders", *Journal of Anxiety Disorders*, 46: 72–77.